△

水果切片、醃漬一晚,置入冰箱.

隔日取出、中火熬煮.

煮滾溫度達105℃續煮
10~15分鐘,裝罐。

果醬,
糖煮水果,
抹醬 MAGIC

糖煮.

Magic

下迫綾美

下迫綾美.

序 言

早餐、點心、飯後甜點…。
只要有水果素材,每天的餐桌就會感到快樂、開心、有選擇的樂趣。
如何將果醬、糖煮水果、水果糖漿、水果奶醬做得更好吃美味,是我一直在思考的。
只要使用當季水果和蔬菜,再加上新鮮的牛奶、鮮奶油,
用鍋子、調理盆和瓦斯爐就能製作,只需要煮熟就能完成。
製作起來這麼簡單的果醬和糖煮水果,該如何做得更美味可口?
如何做出每天吃也不膩呢?我一直在重複的試驗練習,並從錯誤中探究答案。

理想中的成品,口感該是彷彿在吃新鮮素材一般,
裝在瓶子中閃閃發亮,看起來漂亮美觀,吃起來甜而不膩得恰到好處。
「真想讓製作出來的味道,能夠吃了還想再吃,看了還想再看。」
我心裡總以這樣的想法在進行製作。

因為這樣,製作上就必須下功夫了。
為了做出鮮美的口感,自己摸索了種種方法,
才終於探究出為了讓砂糖浸透在素材中多些時間,
放在一旁靜置的製作方法。
我並且發覺到,依著素材情況不同來添加果膠可以讓它們更美味。

我想做得更好吃。
我想擺在每天的餐桌上。
如果做得漂亮,我想稍微加上裝飾,成為可觀賞的裝飾品。
我想做很多當成禮物送出去。
我想聽到「非常好吃」的讚美聲…。這些做法(食譜)是從這些願望而來的。
這裡的作法和只是稍微燉煮的作法不一樣,請務必嘗試本書的方法。

如果您能感受到素材在鍋子中不斷變化,閃閃發亮的樂趣;
如果書中的食譜能加入您想要不停製作的自製果醬和糖煮水果的必備食譜之中,
我會感到非常高興的。

下迫 綾美

Contents

Strawberry

Apple

Milk Maccha

Chocolate

●本書的完成
・在本書中，製作糖煮水果時產生的液體稱之為糖漿。
・水果、蔬菜等的重量皆為淨重。
・1大匙為15㎖，1小匙為5㎖。大匙、小匙請量平匙。
・雞蛋使用L尺寸。
・微波爐是使用600W機種。加熱時間依機種不同而異，敬請自
行調節。
・烤點心的食譜，以使用瓦斯烤箱的情況來標示。使用插電烤
箱，則請調高10℃來使用。另外，烤箱的加熱溫度、加熱時
間、烘烤完成情形依機種而有些微差異，敬請自行調節。

●製作果醬、糖煮水果、糖漿的要訣
・瓶子必定要使用耐熱的材料。
・水果腐壞的部分敬請切除。
・基本上，煮的時間越長，水分蒸發越多而變濃縮變甜。抓住訣
竅之前，試著多做幾次。
・果醬冷藏的話會變得更濃縮、稠度高。煮時在感到稍軟的程度
熄火，就會冷卻成剛好的硬度。要嚐味道時先取出到盤子上，冷
卻之後再嚐為佳。如果過甜或過硬，請加水或檸檬汁。
・使用柑橘類果皮時，如果是無農藥的或是沒有打蠟的，將表面
用刷子仔細擦洗即可。如果是打蠟的，在刷洗過後，用充足的熱
水煮2～3分鐘，撒上鹽擦洗，蠟就能掉落乾淨。
・水果依種類不同所含的果膠量會不同，果膠含量少的，會加上
市售的果膠以產生較高的濃稠度。不過，即使是富含果膠的水果
種類，不成熟的、過度成熟的所含的果膠會較少，敬請選用剛好
成熟的水果。
・如果焦掉了則立即熄火，將焦掉部分之外的材料放入調理盆內
即可。只要稍微放入了一點點接近燒焦部分的材料，成品就會有
焦味。
・要做煮沸消毒時，水果類放9分滿，水果奶醬類容易滿溢出來
請以8分滿為準。
・煮好的果醬成品請立即裝瓶。如果放著不管，會因為鍋子的餘
熱繼續沸騰，口感會改變。

●賞味期限標準
在本書中，煮沸消毒裝瓶後的賞味期限標準皆表示在各食譜
中。賞味期限僅為參考值，依保存場所和狀態會有所不同，敬請
了解。

【水果類的果醬】未開封：常溫、陰涼處半年～1年，只倒扣去
空氣消毒的話則為3個月左右（夏天放冰箱裡）。開封後：冷藏2
週之內。

【糖煮水果】未開封：常溫、陰涼處3個月～1年（依作法不同期
限會有所不同，請參照各頁）。開封後：冷藏1～2週之內。

【糖煮果皮】未開封：常溫、陰涼處1年（浸在糖漿裡的狀態）。
開封後：冰箱裡冷藏半年～1年（浸在糖漿裡的狀態）。

【使用了鮮奶油的成品】未開封：冰箱裡冷藏數個月～半年。開
封後：儘快吃完。

Lemon

Kiwi

Milk

Carrot & Orange

Tool List 器具介紹

下方介紹了要製作出美味的果醬和糖煮水果，所需要準備的主要用具。
如果已經有長時間愛用的器具，就不一定要準備跟這裡一樣的也可以。請選擇使用上自己覺得順手好用的器具喔！

鍋子
請準備耐酸性強的琺瑯瓷鍋或不鏽鋼製鍋。鋁製的鍋子耐酸性弱，時有鋁溶出的情形，因此不可使用。推薦您使用直徑20㎝以上，深度夠的鍋子。

調理盆
於混合或放置材料時使用。為了製作過程順利，準備兩個以上會較方便。大小看使用素材的份量而定，準備直徑20㎝左右的應該就沒有問題。

濾網
將水果分為果汁和果肉時使用。如果有底部面積寬廣而平坦的濾網，操作起來就快多了。請考慮下方接的容器的大小，選擇適合的濾網。

秤
測量材料的必需品。如果是在家裡使用，能夠測量到2公斤的就足夠使用了。請選擇最小單位能秤量出1g的秤。推薦您使用電子標示的電子秤，看起來清楚，容易使用。

大匙・小匙
使用於測量少量的材料。在測量粉末類以及砂糖時，請別忘了多舀一些，再用湯匙柄整平。

量杯
請選擇杯身上數字單位標示清楚，好拿的量杯。避免傾斜，放置在平坦的地方是量出正確份量的訣竅。

水果刀
由於處理小素材的情況較多，請務必準備較小的水果刀。在除去水果蒂以及蔬菜根部，或者切片時可以派上用場。推薦使用方便手握，刀刃尖銳的水果刀。

打蛋器
在混拌材料，或者製作點心時拌打奶油的必須工具。請選擇手持時方便好握的打蛋器。鋼圈接近握柄的地方容易殘留污垢，必須好好清洗。

白色厚棉布手套
使用於將果醬裝瓶時。高溫的果醬裝入時，握瓶子的手會碰觸到，為了避免燙傷以及掉落，請務必準備妥當。建議您套成兩層使用。

小湯杓
使用於果醬裝瓶。推薦您使用側邊具有尖嘴，方便注入的小湯杓。如果買不到，也可以用普通的湯杓，或是較大的湯匙做代替使用。

網杓
煮水果時，使用專門去除浮沫雜質的網杓就很方便又有效率。用網杓舀起雜質，放在裝水的碗裡，輕輕搖動就可洗清杓子上的雜質。也可以用長湯匙代替。

橡皮刮刀
由於要使用於混拌加熱過的水果，請準備具備耐熱性能的刮刀。刮取碗裡殘餘的材料時也很好用喔！

Before & After　製作前…&製作後…

要分享給你，如何將特地做出來的美味果醬和糖煮水果，在不失去原來的美味下能長期保存的要訣。
由於處理加熱殺菌的瓶子的時間很多，請準備好白色厚棉手套，並小心注意不要燙傷了。

※ 準備瓶子

請務必要挑選耐熱且瓶蓋能夠拴緊的瓶子。
在果醬裝瓶之前，必需除去味道，使之成為清潔的狀態。

將清洗乾淨的瓶子和瓶蓋放入鍋裡，倒入水直到蓋過瓶子和瓶蓋。加熱待沸騰之後，將火調至稍弱的中等火候，進行大約10分鐘的煮沸消毒。再小心夾出，倒置在乾淨的抹布上，使其乾燥。

※ 如何除去空氣

瓶子裡如果有空氣，便會進行酸化，裡面的果醬會壞得比較快。在這裡介紹兩種除去瓶中空氣的方法，這兩種方法能以最佳狀態長期保存果醬。

○ 倒置瓶子

將剛裝好熱果醬的瓶子倒置，讓它直接冷卻。使用此方法得以保存大約三個月。

○ 煮沸

1 將瓶蓋不完全拴緊，若瓶蓋是彈簧夾式的則以打開瓶蓋的方式放置入鍋中。將熱水倒入至瓶子一半高的份量後，用弱火煮沸約20～30分鐘。

2 從鍋子中取出瓶子，用戴上厚棉手套的手緊緊地栓上瓶蓋，在布巾上倒置冷卻。瓶蓋是彈簧夾式的瓶子則不必倒置。如果使用此方法，就有可能讓果醬做更長期的保存。

¤ 瓶子不容易打開的時候
倒入蓋過瓶蓋左右的水，加熱煮沸騰約5分鐘。必須戴上白色厚棉手套來處理。

Ingredient List 材料一覽表

果醬、糖煮水果、糖漿的製作材料極為簡單。
在此謹說明主要材料水果以及蔬菜以外的材料的挑選重點。

細粒砂糖

在製作果醬和糖煮水果時，適合使用細粒砂糖。砂糖結晶純度高，帶有淡淡的甜味而有光澤，會將素材的味道和顏色襯托得恰到好處。

檸檬汁

在果醬中添加清爽的檸檬酸味，可使味道嚐起來濃郁而不甜膩，並有使水果顏色看起來漂亮的效果。要去除籽後再使用。

果膠

食物纖維的一種，是使果醬變濃稠的成分。奇異果和檸檬本身所含的果膠較少，因此需要添加市售品來補充果膠。可以在烘焙材料行以及大型超市購得。

牛奶

為了引出濃醇豐厚的味道，要避免使用低脂以及無脂的牛奶，請挑選脂肪含量3.6%以上的新鮮牛奶。

鮮奶油

如果使用不含植物性脂肪，純粹由乳脂肪來製作出的鮮奶油，品嚐起來就會柔軟濃郁。日本產品的外盒上多半會標示成「純」或「純生」，請當作是挑選的標準。

Ingredient Calender　素材月曆

謹在此製作了本書中所使用的水果以及蔬菜的盛產季節（當季），以及何時可購買到的圖表。
若附近的商家沒有陳列，有時也可以用網購，因此建議您務必對照看看。

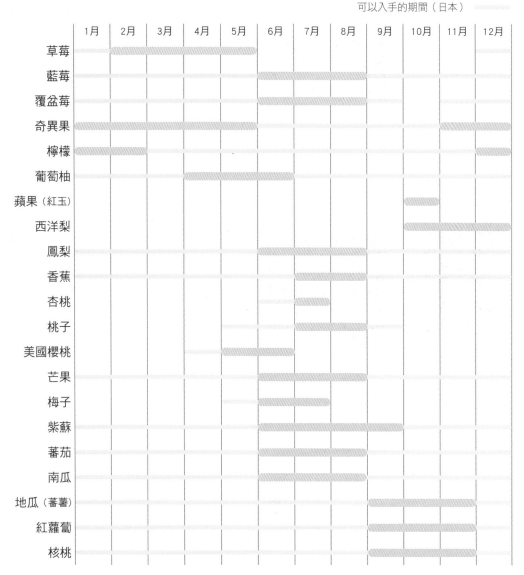

該素材最美味的月份，以及國產品上市的時期（日本）
可以入手的期間（日本）

	1月	2月	3月	4月	5月	6月	7月	8月	9月	10月	11月	12月
草莓												
藍莓												
覆盆莓												
奇異果												
檸檬												
葡萄柚												
蘋果（紅玉）												
西洋梨												
鳳梨												
香蕉												
杏桃												
桃子												
美國櫻桃												
芒果												
梅子												
紫蘇												
蕃茄												
南瓜												
地瓜（蕃薯）												
紅蘿蔔												
核桃												

◎註：此表為日本當地的產季表，台灣的蔬果產季建議可上網至行政院農業委員會
http：//www.afa.gov.tw/farmproduce_search.asp查詢。

Column 1　**果醬瓶的搭配**

製作出數種果醬之後，要不要嘗試看看混合喜歡的果醬，享受視覺上的搭配樂趣呢？
除了顏色的搭配很重要，思考味覺上是否互相合適也是非常重要的搭配重點，
請務必要享受專屬於您的搭配樂趣吧！

Carrot Jam × Apple Jam

紅蘿蔔果醬×蘋果果醬

橘色和淡粉紅色的搭配好可愛。特色是紅蘿蔔和蘋果的柔和甘甜味，搭配鬆餅、司康餅等點心一起吃，是最棒的美味組合。

Raspberry Jam × Blueberry Jam

覆盆莓果醬×藍莓果醬

廣受大家喜愛的莓類果醬的組合，酸味和甜味有著非常棒的平衡感。也推薦您加入草莓果醬。

Lemon Jam × Kiwi Jam

檸檬果醬×奇異果果醬

夏天特別會想吃的清爽新鮮組合。搭配香草冰淇淋或者是優格等乳製品，就會成為特級點心。

Milk Maccha × Milk Paste

抹茶牛奶醬×牛奶醬

摩登又漂亮的一瓶。微微苦味的抹茶風味和甜膩的牛奶相間，完成了頗耐人尋味的風味。敬請塗抹在吐司麵包上享用。

在一般大眾的想法中，提到果醬，第一個想到的非草莓果醬莫屬。

在此介紹的草莓果醬刻意壓抑了甜度，發揮了草莓本來就具有的甘甜和酸味。

Strawberry Jam

草莓果醬

※ **材料**（成品：約400g）

草莓 ·············· 500g
細粒砂糖 ········ 250g
檸檬汁 ·········· 2大匙

※ **賞味期限**

未開封：陰涼處半年～1年
開封後：冷藏2週內

※ **作法**

1　草莓洗淨，瀝乾，去蒂，縱切成4等份。均勻混入檸檬汁，撒上細粒砂糖，擺置於一旁直到水分滲出。

2　將草莓放入鍋中，用中火熬煮（如左圖），待沸騰後熄火，撈除表面雜質與浮沫（如左下圖）。

3　將熬煮過的草莓放入調理盆裡，在表面緊密蓋上保鮮膜，常溫下靜置約半天（夏天則先降溫後冷藏）。

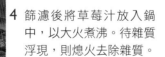

4　篩濾後將草莓汁放入鍋中，以大火煮沸。待雜質浮現，則熄火去除雜質。

5　將作法4分開的果肉也放入鍋中（如左圖），以中火再度煮至沸騰。待雜質浮現後，熄火去除雜質（如左下圖）。熬煮直到沒有雜質為止，為了避免燒焦，需不時加以攪拌均勻。

6　邊煮邊攪拌，待草莓出現光澤、稍微變得濃稠一些即熄火。

7　立即將草莓果醬裝瓶。

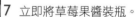

Strawberry Compote & Syrup

糖煮草莓、糖漿

※材料（方便製作的份量）

草莓 ············· 500g
細粒砂糖 ········ 250g
檸檬汁 ··········· 2大匙
櫻桃酒 ··········· 2小匙

※賞味期限

未開封：常溫、陰涼處半年～1年
開封後：冷藏2週內

※作法

1 草莓洗淨，瀝乾，去蒂。均勻混入檸檬汁，撒上細粒砂糖，放置在一旁直到水分滲出。

2 將草莓放入鍋中，用中火熬煮，待沸騰、砂糖溶化、草莓濕軟後即熄火，撈除表面雜質與浮沫。

3 將熬煮過的草莓放入調理盆裡，在表面緊密蓋上保鮮膜，常溫下靜置約半天（夏天則先降溫後冷藏）。

4 篩濾後將草莓汁放入鍋中，以大火煮沸。待雜質浮現，則熄火去除雜質（如左下圖）。

5 將作法4分開的果肉也放入鍋中，以中火煮至再度沸騰。待雜質浮現後，熄火去除雜質。熬煮直到沒有雜質為止，為了避免燒焦，需不時的加以攪拌均勻。

6 以小火煮3～4分鐘，待草莓連中心都熟軟後熄火，加入櫻桃酒混拌勻。

7 立即裝瓶。

使用飽滿的整顆新鮮草莓來製作。
完成的糖煮草莓是多麼地奢侈，
可以充分享受到果肉和草莓顆粒的鮮美口感。

酸味高的水果，做成果醬就變得容易入口了。
閃亮的深紫色，是藍莓獨具的美麗。

Blueberry Jam

藍莓果醬

※材料（成品：約400g）

藍莓 ············· 400g
細粒砂糖 ······· 200g
檸檬汁 ··········· 2大匙

※賞味期限

未開封：陰涼處半年～1年
開封後：冷藏2週內

※作法

1 藍莓洗淨，瀝乾，挑除壞掉的藍莓。均勻混入檸檬汁，撒上細粒砂糖。

2 在藍莓表面緊密蓋上保鮮膜，靜置半天以上，直到砂糖潤濕、水分滲出為止。

3 將藍莓放入鍋中，用中火熬煮，為避免燒焦，需不時加以攪拌均勻。沸騰後熄火，撈除表面雜質與浮沫。

4 將藍莓放入調理盆裡，並且在表面緊密蓋上保鮮膜，常溫下靜置半天以上（夏天則先降溫後放入冰箱冷藏）。

5 篩濾後僅將藍莓汁放入鍋中，以大火煮沸。待雜質浮現，則熄火去除雜質。

6 將在作法5分開的果肉也放入鍋中，以中火再度煮至沸騰。待雜質浮現後，熄火去除雜質。熬煮直到沒有雜質為止，為了避免燒焦，需不時加以攪拌均勻。

7 邊煮邊攪拌，待出現光澤即熄火。

8 立即裝瓶。

Blueberry Compote & Syrup
糖煮藍莓、糖漿

※ **材料**（方便製作的份量）

藍莓 ……………… 400g
細粒砂糖 ………… 200g
紅葡萄酒 ………… 150㎖
檸檬汁 …………… 2大匙

※ **賞味期限**

未開封：陰涼處半年～1年
開封後：冷藏2週內

※ **作法**

1 藍莓洗淨，瀝乾，挑除壞掉的藍莓。

2 在鍋子中加入細粒砂糖以及紅葡萄酒，用
中火熬煮，直至沸騰、直到砂糖溶化，需
不時加以攪拌。

3 再加入作法1的藍莓以及檸檬汁，用中火
熬煮至再度沸騰。待雜質出現，即熄火撈
除表面雜質與浮沫。

4 將藍莓放入調理盆裡，並且在表面緊密蓋
上保鮮膜，常溫下靜置半天以上（夏天則
先降溫後放入冰箱冷藏）。

5 篩濾後僅將藍莓汁放入鍋中，以大火煮
沸。待雜質浮現，則熄火去除雜質。

6 將在作法5分開的果肉也放入鍋中，以中
火再度煮至沸騰。待雜質浮現後，熄火去
除雜質。

7 熬煮直到沒有雜質、藍莓中心也熟透即熄
火。

8 立即裝瓶。

閃閃發亮，一顆顆彷彿就像寶石一般。
放置一晚，就會自然地變稠凝結成濃縮的味道。

酸酸甜甜，討人喜歡！用冷凍覆盆莓製作，
做起來輕鬆省錢，這點也格外討喜。

Raspberry Jam
覆盆莓果醬

※ 材料（成品：約440g）

覆盆莓(冷凍)···· 400g
細粒砂糖········ 200g
檸檬汁·········· 1大匙

※ 賞味期限

未開封：陰涼處半年～1年
開封後：冷藏2週內

※ 作法

1 在冷凍覆盆莓上直接撒上檸檬汁、細粒砂糖，放置
到水分滲出、解凍為止。

2 將覆盆莓放入鍋中，用中火熬煮，為避免燒焦，需
不時加以攪拌均勻。沸騰後熄火，撈除表面雜質與
浮沫。

3 將覆盆莓放入調理盆裡，並且在表面緊密蓋上保鮮
膜，常溫下靜置半天以上（夏天則先降溫後放入冰箱冷
藏）。

4 篩濾後僅將覆盆莓汁放入鍋中，以大火煮沸。待雜
質浮現，則熄火去除雜質。

5 將在作法4分開的果肉也放入鍋中，以中火再度煮
至沸騰。待雜質浮現後，熄火去除雜質。熬煮直到
沒有雜質為止，為了避免燒焦，需不時的加以攪拌
均勻。

6 邊煮邊攪拌，待出現光澤即熄火。

7 立即裝瓶。

覆盆莓果醬＋榛果

拌入榛果，頗有成人風味，同時也能
享受不同的口感。

¤ 材料（追加在覆盆莓果醬中用）
榛果·············· 40g

Arranged Jam

¤ 作法
將榛果放入烤箱中，以160℃烤約10分鐘。取出，
待降溫之後，夾在手掌中搓揉去皮。再放入厚塑膠
袋中，以棒子敲碎成粗粒。加入熬煮好裝瓶前的覆
盆莓果醬中，加以混合即完成。

在這裡介紹含有種子顆粒口感、又酸又甜的美味果醬，
以及大膽使用整顆奇異果，滋味甘甜的糖煮水果。

Kiwi Jam
奇異果果醬

※材料（成品：約480g）

奇異果 500g（約5個）	a	果膠 3g
細粒砂糖 220g		細粒砂糖 30g
檸檬汁 2大匙		

※賞味期限

未開封：陰涼處半年～1年

開封後：冷藏2週內

※作法

1 奇異果去皮，切成5mm大小細丁，均勻混入檸檬汁，撒上砂糖，靜置到水分滲出為止。

2 將作法1移入鍋中，用中火熬煮，沸騰後熄火，去除雜質。

3 和p18的作法3、4相同。

4 將果肉放入鍋中，用大火熬煮至將要沸騰即熄火。將a以打蛋器混合後加入鍋內，立刻在鍋中攪拌均勻。

5 以中火煮至沸騰，待浮現雜質，熄火去除雜質。熬煮直到沒有雜質為止，為了避免燒焦，需不時加以攪拌均勻。

6 邊煮邊攪拌至煮透，待出現光澤即熄火。

7 立即裝瓶。

Kiwi Compote & Syrup
糖煮奇異果、糖漿

※材料（成品：約480g）

奇異果 3個	檸檬片（厚5mm） 2片
細粒砂糖 160g	
白葡萄酒 330㎖	

※賞味期限

未開封：陰涼處2～3個月

開封後：冷藏1～2週內

※作法

1 奇異果去皮，不切。

2 在鍋中放入白葡萄酒以及細粒砂糖，用大火煮至沸騰直到砂糖溶化，需不時攪拌。

3 加入作法1整顆奇異果、檸檬片，蓋上烘焙紙（需剪成鍋子大小並剪出一些透氣孔），以小火熬煮。

4 大約煮10分鐘之後，將奇異果翻面倒置，再續煮約10分鐘左右。

5 奇異果煮至竹籤可以穿透程度後，熄火，去除檸檬片。

6 立即裝瓶。

不過甜的新鮮風味，和檸檬才有的酸味。
如何將苦味壓抑住的訣竅是做這道果醬的一大重點。

Lemon Jam
檸檬果醬

※材料（成品：約470g）

檸檬果肉＋果汁……200g ⎤ （約4顆量）
檸檬皮……………200g ⎦
細粒砂糖…………220g

a ⎰果膠…………4g
  ⎱細粒砂糖……40g

※賞味期限

未開封：陰涼處半年～1年
開封後：冷藏2週內

※作法

1　檸檬表皮用刷子充分刷乾淨清洗。
　　※處理方法參照p5。

2　檸檬切去頭尾，削皮（白色部分也一併去除），果皮切成厚度1mm絲狀，切出200g。

3　從果皮取出所有的果肉，連剩下的果皮也擠出果汁。果肉和果汁合起來使成200g。添加細粒砂糖加以攪拌均勻。

4　鍋中放入充足的水煮滾，放入檸檬絲，煮約10分鐘後濾除水分。反覆兩次，瀝乾（品嚐看看，若覺得苦味過強就再煮一次）。

5　將作法3、4中的果皮果肉全部放入鍋內，用中火煮，沸騰後熄火，去除表面的雜質。

6　放入調理盆內，在表面緊密蓋上保鮮膜，常溫下靜置半天以上（夏天則先降溫後放入冰箱冷藏)。

7　篩濾後僅將檸檬汁放入鍋中，以大火煮沸。待浮現雜質，則熄火去除雜質。

8　將作法7中分開的果肉和果皮放入鍋內，用中火熬煮，即將沸騰時熄火。將a以打蛋器攪拌均勻後加入，立刻攪拌均勻。

9　邊攪拌，邊以中火煮至沸騰，出現雜質後，即熄火去除雜質。熬煮直到沒有雜質為止，為了避免燒焦，需不時加以拌勻。

10　邊煮邊攪拌至煮透，待出現光澤、略顯濃稠後即熄火。

11　立即裝瓶。

和麵包搭配，或是作為點心的材料…。
在英國是招牌的檸檬奶油。

Lemon Curd

檸檬凝乳

※ 材料（成品：約240g）

檸檬皮削成泥⋯ 1顆量
檸檬汁⋯⋯⋯⋯ 80㎖
雞蛋⋯⋯⋯⋯⋯ 2個
無鹽奶油⋯⋯⋯ 80g
細粒砂糖⋯⋯⋯ 80g

※ 賞味期限

未開封：冷藏1個月
開封後：儘快吃完

※ 作法

1 將奶油切3mm厚度。奶油和檸檬皮泥一起
放入調理盆裡，置於常溫下軟化（柔軟度
以用手指壓可以輕鬆插入為標準）。

2 在別的碗裡打入雞蛋，用打蛋器打勻，加
入細粒砂糖、檸檬汁加以攪拌均勻。

3 將作法2的材料放入鍋內，用中火，以橡
皮刮刀一邊攪拌一邊煮。煮至開始沸騰即
改用弱火。

4 整體呈乳膏狀後即熄火，
篩濾後放入作法1的材料
中，攪拌均勻至整體出現
光澤、潤滑的狀態。

5 立即裝瓶。

Lemon Peels & Syrup
糖煮檸檬果皮、糖漿

※材料（成品：16個）

檸檬皮 ………… 4顆量
細粒砂糖 ……… 400g
水 ……………… 400㎖

※賞味期限

未開封：陰涼處1年（浸在糖漿裡的狀態）
開封後：冷藏半年～1年（浸在糖漿裡的狀態）

※作法

1 用刷子充分刷洗檸檬表皮。
　※處理方法參照p5。

2 檸檬切去頭尾，縱切成4等份。果皮向下
　置放，將水果刀放在果肉和白色的薄膜之
　間移動，削下果皮部分。

3 鍋子裡放入足量的水煮滾，放入作法2的
　檸檬皮，煮大約10分鐘。熄火，用濾網
　濾掉水分。反覆此作法兩次，瀝乾後放入
　調理盆內（品嚐看看，如果覺得苦味過強，就
　再煮一次）。

4 在鍋中放入水、砂糖，用大火煮沸，即為
　糖漿。趁熱倒入作法3調理盆中，在表面
　緊密蓋上保鮮膜，常溫下靜置半天以上
　（夏天則先降溫後放入冰箱冷藏）。

5 篩濾，將糖漿和果皮分開，果皮放入調理
　盆中。

6 只將糖漿放入鍋內，用大火煮沸，趁熱放
　入作法5的調理盆內，在表面緊密蓋上保
　鮮膜，常溫下靜置半天以上（夏天則先降溫
　後放入冰箱冷藏）。

7 在一週內重覆作法5、6的
　製程（共7次），漸漸提高甜
　度。

8 連糖漿一起裝瓶。

※混入蛋糕或冰淇淋、冰砂之中風
味也極佳。放在濾網上充分瀝乾，
乾燥後撒上細粒砂糖當作茶點也很
適合。

豐潤飽滿，閃耀著光澤的樣子討人喜愛。
混在冰淇淋裡，或是簡單撒上砂糖都美味無比。

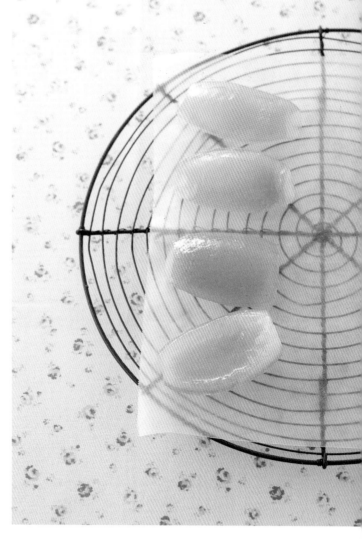

※這種糖漿濃度相當高，特徵是很甜。
可以代替砂糖加入紅茶或無糖的碳酸水裡，會讓味道喝起來變得可口。

粉紅色的可愛瓶子，只是欣賞就能感受到幸福氛圍。
除了當作點心之外，做為羊肉、
鴨肉、雞肉的醬料也很適合。

Grapefruit Jam
葡萄柚果醬

※ 材料（成品：約500g）

葡萄柚(紅寶石)的果肉+果汁
　　　　　　 500g（約2～3顆份）
細粒砂糖 ⋯⋯⋯ 190g
檸檬汁 ⋯⋯⋯⋯ 1大匙

a | 果膠 ⋯⋯⋯⋯ 6g
　| 細粒砂糖 ⋯ 60g

※ 賞味期限

未開封：陰涼處半年～1年
開封後：冷藏2週內

※ 作法

1 將葡萄柚所有的果粒從薄皮中取出，連剩下的薄皮也擠壓出果汁。果粒與果汁合起來要取到500g。將檸檬汁均勻淋在葡萄柚上，撒上細粒砂糖。

2 將材料放入鍋裡，用中火煮沸後即熄火，去除雜質。

3 放入調理盆內，在表面緊密蓋上保鮮膜，常溫下靜置半天以上（夏天則先降溫後放入冰箱冷藏）。

4 篩濾後僅將果汁放入鍋中，以大火煮沸。待雜質浮現，則熄火去除雜質。

5 將果粒也放入鍋中，用中火煮至將要沸騰即熄火。將材料a用打蛋器攪拌均勻後加入，在鍋中快速攪拌均勻。

6 一邊攪拌，邊以中火煮至沸騰，出現雜質後，即熄火去除雜質。熬煮直到沒有雜質為止，為了避免燒焦，需不時加以攪拌均勻。

7 邊煮邊攪拌，煮5分鐘直到煮透，出現光澤即熄火。

8 立即裝瓶。

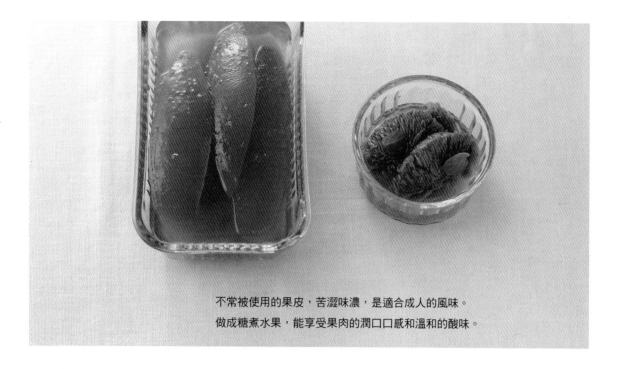

不常被使用的果皮，苦澀味濃，是適合成人的風味。

做成糖煮水果，能享受果肉的潤口口感和溫和的酸味。

Grapefruit Peels & Syrup

糖煮葡萄柚果皮、糖漿

※ 材料（成品：18個）

葡萄柚(紅寶石)皮 …… 3顆量

細粒砂糖 …… 500g

水 …… 500㎖

※ 賞味期限

未開封：陰涼處1年（浸在糖漿裡的狀態）

開封後：冷藏半年～1年（浸在糖漿裡的狀態）

※ 作法

1 用刷子充分刷洗葡萄柚表皮。

　※處理方法參照p5。

2 後續方法和p23 (糖煮檸檬果皮)相同。但是，縱
切的4等份改為6等份。

　※和糖煮檸檬果皮相同，這種糖漿濃度相當高，特徵
是很甜。可以代替砂糖加入紅茶或無糖的碳酸水裡，
會讓味道喝起來變得可口。

Grapefruit Compote

糖煮葡萄柚果粒

※ 材料（方便製作的份量）

葡萄柚 ………… 2顆　檸檬片(厚度5mm) … 1片

細粒砂糖 …… 200g　薄荷葉 ………… 10片

水 …… 300㎖

※ 賞味期限

冷藏3天內（建議儘早食用）

※ 作法

1 將葡萄柚所有的果粒從薄皮中取出，和薄荷葉
一起放入調理盆內。

2 將砂糖、水、檸檬片放入鍋裡，用中火煮沸。

3 將作法2材料立刻倒入作法1盆中，在表面緊
密蓋上保鮮膜，靜置冷卻。

4 冷卻後裝入容器內，放入冰箱冷藏半天以上，
讓味道入味。

享受點心　Part 1　介紹使用果醬、糖煮水果所製作的簡單點心。

Sand Cookies

夾心餅乾
開心享受一般的餅乾

餅乾 (市售品・直徑約6cm) … 8片
奶油乳酪 … 80g
喜好的果醬 (這裡使用的是p42水蜜桃果醬) … 40g

將奶油乳酪先充分拌勻，加入果醬後再攪拌均勻。取一片餅乾塗上醬料，再蓋上另一片餅乾，做成夾心餅乾。

🍓 推薦使用　藍莓(p16)、蘋果(p28)、鳳梨(p34)等口味果醬都可以

Fruit Punch

水果雞尾酒
開心享受喜愛的水果

糖煮葡萄柚果粒 (p25) … 適量
喜好的水果 … 適量
【糖漿】
糖煮葡萄柚的糖漿 … 60㎖
君度橙酒 (柳橙蒸餾酒) … 1/2小匙
薄荷葉 (如果有) … 適量

在容器內放入糖煮葡萄柚果粒，以及喜好的水果；將糖漿的材料充分攪拌均勻後加入。如果有薄荷葉，擺上去當裝飾。

🍓 推薦使用　奇異果(p19)、蘋果(p30)、西洋梨(p33)、水蜜桃(p43)口味糖煮水果

Fruit Sandwich

水果三明治
開心享受喜愛的麵包

喜好的麵包 (這裡使用薄片吐司) … 4片
喜好的水果奶醬 (這裡使用p65的草莓牛奶醬) … 適量
鮮奶油 … 60㎖
細粒砂糖 … 1小匙

將鮮奶油、細粒砂糖放入容器裡打發，打至7～8分發，塗抹在一片吐司單面上。再取另一片吐司塗上草莓牛奶醬，和剛才的吐司重疊做成三明治。用保鮮膜包好，放入冰箱冷藏30分鐘以上讓味道融合。

🍓 推薦使用　牛奶巧克力香蕉(p68)、焦糖芒果(p72)等等口味都適用！沒有塗抹鮮奶油也OK

Cereals with Jam

加在燕麥片上
開心享受平日食用的燕麥片

無糖燕麥片、牛奶 … 各適量
喜好的果醬 (這裡使用p16藍莓果醬) … 適量

在燕麥片上淋上牛奶和果醬，充分攪拌均勻後享用。

🍓 推薦使用　奇異果(p19)、檸檬(p20)等等帶酸味的果醬

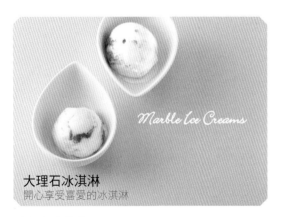

大理石冰淇淋
開心享受喜愛的冰淇淋

喜好的冰淇淋（這裡使用香草冰淇淋）… 300㎖
喜好的果醬、或水果奶醬 … 2大匙
　（這裡使用p64的抹茶牛奶醬、p69的洋梨巧克力醬）

用橡皮刮刀將香草冰淇淋攪拌成糊狀，加入果醬或水果奶醬（如果過硬則微波10秒），迅速攪拌均勻，放入冰箱冷凍2小時以上至變硬。

🍎 **推薦使用**　草莓(p12)、鳳梨(p34)、奶茶(p64)等等口味都可以

去水優格
開心享受普通的優格

原味優格 … 240㎖
喜好的果醬（這裡使用p46的玫瑰果醬）… 適量

將優格倒在舖上廚房紙巾的濾網上，包上保鮮膜，放入冰箱冷藏半天以上以濾去水分（除去水分後用棉紗布包裹起來，放入平底的杯子內定型。定型後，表面會呈現棉紗布的模樣）。淋上果醬享用。

🍎 **推薦使用**　檸檬(p20)、葡萄柚(p24)、西洋梨香草(p32)等等果醬都可以

巧克力果皮蜜餞
開心享受一般的巧克力

糖煮檸檬果皮（p23）、
　糖煮葡萄柚果皮（p25）… 各適量
巧克力（苦味）… 適量

將果皮蜜餞各切5㎜寬，用紙巾充分吸乾（如果時間足夠，放在濾網上一個晚上更佳）。在容器裡放入切成小塊的巧克力，用50℃左右的熱水隔水加熱融化。將果皮蜜餞浸在巧克力中大約半根（沾取時延著容器邊緣取出，就能除去多餘的巧克力），放在烘焙紙上讓巧克力凝固變乾。

英式乳脂鬆糕
享受海綿蛋糕和蜂蜜蛋糕

海綿蛋糕或蜂蜜蛋糕（市售品）… 適量
鮮奶油 … 適量
喜好的果醬（這裡使用p44櫻桃果醬）… 適量

將鮮奶油放入容器裡，隔冰水打發至7分發。依照果醬、鮮奶油、切成1～1.5㎝塊狀的蛋糕的順序，重疊放入器皿內。

※鮮奶油打發時因為沒有加砂糖，建議多加些果醬，混勻後食用。

🍎 **推薦使用**　草莓(p12)、水蜜桃(p42)、水果乾(p48)等等果醬都可以

使用紅玉蘋果，做出來的果醬酸味夠，呈現可愛的粉紅色。
任何種類都能製作，請試著找出喜好的口感和味道。

Apple Jam

蘋果果醬

※材料（成品：約400g）

蘋果(紅玉)········ 400g(約2顆)
細粒砂糖········· 200g
檸檬汁············ 2大匙

※賞味期限

未開封：陰涼處半年～1年
開封後：冷藏2週內

※作法

1 蘋果削皮、去核，切成約1㎝小丁，果皮和果核留著備用。均勻混入檸檬汁，撒上細粒砂糖，放置直到水分滲出。

2 將材料放入鍋中，轉中火，煮沸後即熄火，去除雜質。

3 將作法2材料放入調理盆中，在表面緊密蓋上保鮮膜，常溫下靜置約半天以上（夏天則先降溫後冷藏）。

4 篩濾後，將蘋果汁和作法1備用的果皮和果核放入鍋中，用大火煮至沸騰；果肉備用。

5 待雜質浮現，即熄火去除雜質。用中小火煮至沸騰，直到蘋果皮煮軟、顏色褪色，即撈除果皮與果核。

6 將果肉放入鍋內，用中火煮至再度沸騰。出現雜質後，即熄火去除雜質。熬煮直到沒有雜質為止，為了避免燒焦，需不時加以攪拌均勻。

7 邊煮邊攪拌，出現光澤、呈濃稠狀態即熄火。

8 立即裝瓶。

Arranged Jam

蘋果果醬＋地瓜

和不甜膩的鮮奶油搭配即成為一道點心。

¤ 材料（成品：約330g）

蘋果(紅玉)········ 200g(約1顆)
地瓜··············· 150g
細粒砂糖·········· 170g
檸檬汁············ 2小匙

¤ 作法

1 蘋果削皮、去核，切成約5㎜大小細丁，果皮和果核留著備用。均勻混入檸檬汁，撒上細粒砂糖，放置直到水分滲出。
2 地瓜連皮切成5㎜大小細丁，泡在水裡5分鐘左右以去除澱粉質，期間需換水3～4次（只要水維持不混濁即可）。放入鍋內，加水至蓋過地瓜，以中火煮沸，改中小火續煮約3分鐘，直到地瓜都熟透（要注意煮太久地瓜會變形走樣）。
3 將作法2地瓜濾除水分，與作法1混合，放入鍋中，用中火煮，沸騰後熄火。
4 後續作法和左側的蘋果果醬作法3～8相同。水分少的時候，將所有材料一起放入鍋中煮，最後撈除蘋果果皮和果核。

Apple Compote & Syrup
糖煮蘋果、糖漿

※**材料**（方便製作的份量）

蘋果（紅玉）⋯⋯⋯⋯ 400g（約2顆）
細粒砂糖 ⋯⋯⋯⋯⋯⋯ 200g
白葡萄酒 ⋯⋯⋯⋯⋯⋯ 400㎖
檸檬片（厚5mm）⋯⋯ 1片
柳橙片（厚5mm）⋯⋯ 1片
肉桂棒 ⋯⋯⋯⋯⋯⋯⋯ 1條

※**賞味期限**

未開封：陰涼處2～3個月
開封後：冷藏1～2週內

※**作法**

1 蘋果削皮，縱切成8等份，去核，果皮留下備用。

2 白葡萄酒、細粒砂糖、蘋果皮放入鍋中，用大火煮至滾沸、砂糖溶化為止，需不時加以攪拌均勻。

3 將蘋果果肉和檸檬片以及柳橙片、肉桂棒放入鍋內，蓋上烘焙紙（需剪成鍋子大小並剪出一些透氣孔），用小火熬煮。

4 煮大約10分鐘之後加以翻攪，再煮10分鐘左右。

5 待蘋果煮透到竹籤可以輕鬆刺入，呈現淡淡的粉紅色即熄火。撈除蘋果皮、檸檬片與柳橙片。

6 立即裝瓶。

奢華的糖煮蘋果，能充分享受蘋果果肉以及香氣。
添加了白葡萄酒和肉桂的風味，讓味道更成熟，有成人的氣息。

甜酸的西洋梨和風味豐富的香草是絕妙的搭配。
彷彿在享用濃稠柔軟的點心，奢華美妙的口感令人沉醉。

Pear Vanilla Jam

西洋梨香草果醬

※材料（成品：約500g）

西洋梨	500g（約3顆）
細粒砂糖	250g
檸檬汁	1大匙
香草豆莢	1/2條

※賞味期限

未開封：陰涼處半年～1年
開封後：冷藏2週內

※作法

1 西洋梨去皮，縱切成4等份，橫放切成厚度5mm絲狀。均勻混入檸檬汁，撒上細粒砂糖，放置直到水分滲出。香草豆莢縱切開，用刀子刮出香草籽。

2 西洋梨連汁放入鍋內，將香草籽連同豆莢加入，轉中火，煮沸後即熄火，撈除雜質。

3 將作法2材料放入調理盆中，在表面緊密蓋上保鮮膜，常溫下靜置約半天以上（夏天則先降溫後放入冰箱冷藏）。

4 篩濾後，僅將汁放入鍋中，用大火煮至沸騰。待雜質浮現，即熄火去除雜質。

5 將果肉放入鍋內，用中火煮至再度沸騰。出現雜質後，即熄火去除雜質。熬煮直到沒有雜質為止，為了避免燒焦，需不時加以攪拌均勻。

6 邊煮邊攪拌，出現光澤、稍微呈濃稠狀態即熄火。

7 立即裝瓶

發揮原始獨具的可愛形狀，使用整顆西洋梨豪華製成。
請享用濃稠的柔軟口感，以及在口中滿溢的香甜。

Pear Compote & Syrup
糖煮西洋梨、糖漿

※材料（方便製作的份量）

西洋梨 ………… 2顆
細粒砂糖 ……… 200g
白葡萄酒 ……… 400ml
檸檬片(厚5mm)… 2片

※賞味期限

未開封：陰涼處2～3個月
開封後：冷藏1～2週內

※作法

1 西洋梨去皮。

2 白葡萄酒、細粒砂糖放入鍋中，用大火煮至滾沸、
　砂糖溶化為止，需不時加以攪拌均勻。

3 將西洋梨和檸檬片放入鍋內，蓋上烘焙紙（需剪成
　鍋子大小並剪出一些透氣孔），用小火熬煮。

4 煮大約15分鐘之後上下翻攪，再煮15分鐘左右。

5 待西洋梨煮透之後即熄火。

6 立即裝瓶。

新鮮鳳梨有強烈的酸味，不過做成果醬就不一樣了，
能夠提引出甜味，享受到爽口的滋味。

Pineapple Jam
鳳梨果醬

※ 材料（成品：約500g）

鳳梨	500g(約1顆)
細粒砂糖	190g
檸檬汁	2大匙
a 果膠	5g
細粒砂糖	60g

※ 賞味期限

未開封：陰涼處半年～1年
開封後：冷藏2週內

※ 作法

1　鳳梨去皮，縱切成4等份，再橫切3～4等份，然後切成厚度5mm絲狀。均勻混入檸檬汁，撒上細粒砂糖，放置直到水分滲出。

2　和p35的作法2～4相同。

3　將果肉也放入鍋內，用大火煮至即將沸騰即熄火。將材料a用打蛋器攪拌均勻後加入鍋內，立刻攪拌均勻。

4　用中火煮沸，出現雜質後，即熄火去除雜質。熬煮直到沒有雜質為止，為了避免燒焦，需不時加以攪拌均勻。

5　邊煮邊攪拌，至煮透、出現光澤即熄火。

6　立即裝瓶。

鳳梨果醬＋香料

香料提味之下的甘甜，使人印象深刻

Arranged Jam

¤ 材料（成品：約500g）

鳳梨果醬材料	同上
香草豆莢	1/3條
肉桂棒	1條
八角*	1個

*用於添加香氣的香料，在中藥行或大型超市可購得。

¤ 作法

和鳳梨果醬相同。作法2時需加入香草籽連豆莢（香草豆莢縱切開，用刀子刮出香草籽）、肉桂棒和八角。

不添加水和酒，只用鳳梨滲出的水分製作而成。
香氣四溢的甘甜精華，是奢華的美味。

Pine Compote & Syrup

糖煮鳳梨、糖漿

※ 材料（方便製作的份量）

鳳梨 …………… 500g (約1顆)
細粒砂糖 ……… 250g
檸檬汁 ………… 2大匙

※ 賞味期限

未開封：陰涼處半年～1年
開封後：冷藏1～2週內

※ 作法

1 鳳梨去皮，縱切成4等份，再橫切3～4等份，然後切成1～2cm小丁。均勻混入檸檬汁，撒上細粒砂糖，放置直到水分滲出。

2 放入鍋中，用中火煮沸後熄火，去除雜質。

3 將作法2材料放入調理盆中，在表面緊密蓋上保鮮膜，常溫下靜置約半天以上 (夏天則先降溫後放入冰箱冷藏)。

4 篩濾後，僅將汁放入鍋中，用大火煮至沸騰。待雜質浮現，即熄火去除雜質。

5 將作法4中分開的果肉放入鍋內，用中火煮至再度沸騰。出現雜質後，即熄火去除雜質。熬煮直到沒有雜質為止，為了避免燒焦，需不時地加以攪拌均勻。

6 邊煮邊攪拌，煮透之後即熄火。

7 立即裝瓶。

濃稠的口感和深層的甘甜，宛如成熟的香蕉一般。
香草豆莢的風味，讓果醬更加芳香有滋味。

Banana Jam

香蕉果醬

※材料（成品：約400g）

香蕉(熟)………	400g(約5根)
細粒砂糖………	200g
檸檬汁…………	1大匙
香草豆莢………	1/4條

※賞味期限

未開封：陰涼處半年～1年

開封後：冷藏1～2週內

※作法

1 香蕉去皮，切1cm小丁。均勻混入檸檬汁，撒上細粒砂糖。香草豆莢縱切開，用刀子刮出香草籽。

2 為防止變色，立刻將香蕉連汁放入鍋中，將作法I取下的香草籽連同豆莢也一起加入。轉中火，為了避免燒焦，需不時加以攪拌均勻。煮沸後即熄火，撈除雜質。

3 邊煮邊攪拌，煮至收汁，出現光澤則熄火。

4 立即裝瓶。

Arranged Jam

香蕉果醬＋柳橙

香蕉的甘甜之中帶有新鮮的柳橙芳香。

¤ 材料（成品：約420g）

柳橙……	果肉80g、皮40g(1/2顆)
細粒砂糖………	60g
香蕉(熟)………	300g(約4根)
細粒砂糖………	110g
檸檬汁…………	1大匙
a 果膠	4g
細粒砂糖	40g

¤ 作法

1 用刷子充分刷洗柳橙表皮。
※處理方法參照p5。

2 柳橙切去頭尾，縱切後橫切為4等份。將皮沿白膜交接處削下，切成厚1mm條狀，共40g。取出果肉，準備80g。

3 鍋子裡放入足量的水煮滾，放入柳橙皮，煮大約10分鐘。熄火，用濾網濾掉水分。反覆此作法兩次，瀝乾水分，和果肉一起放入容器內，撒上砂糖（60g）。

4 再放入鍋內，用中火煮沸，熄火去除雜質。

5 放入調理盆內，在表面緊密蓋上保鮮膜，常溫下靜置半天以上（夏天則先降溫後冷藏）。

6 香蕉去皮後切1cm厚，均勻混入檸檬汁，撒上砂糖（110g）。

7 將作法5和6的材料放入鍋裡，轉大火，煮至即將沸騰時熄火。將材料a用打蛋器攪拌均勻後加入，立刻攪拌均勻。

8 用中火煮至沸騰。出現雜質後，即熄火去除雜質。熬煮直到沒有雜質為止，為了避免燒焦，需不時加以拌勻。

9 邊煮邊攪拌，煮透之後，出現光澤即熄火。

10 立即裝瓶。

🥤 享受點心 Part 2 介紹使用果醬以及糖煮水果、水果奶醬所製作的簡單飲品。

葡萄柚冰茶
開心享受平常喝的冰茶

冰茶（無糖）… 300㎖
葡萄柚果醬（p24）… 適量

在玻璃杯中放入適量的葡萄柚果醬，再注入冰茶。

🥤 **推薦使用**

檸檬(p20)、杏桃(p40)等帶酸味的果醬

珍珠奶茶
開心享受平日喝的牛奶變化

牛奶… 240㎖
奶茶醬（p64）… 3大匙
黑色粉圓… 2大匙

在較大的鍋裡放入多量水煮至滾沸，放入粉圓以滾沸的火侯煮透，約1～1個半小時，過濾後用冷水沖洗，瀝乾。將奶茶醬放入碗內，分3次加入牛奶，每次加入時用打蛋器攪拌均勻直至嫩滑，再注入放有粉圓的玻璃杯中。

🥤 **推薦使用**

牛奶醬(p62)、抹茶牛奶醬(p64)
※因為濃度高且不容易溶解，每次只添加少量的牛奶，必須充分攪拌均勻成糊狀後，再加下一次。

奇異果優格
享用平常的優格與牛奶製成的飲品

原味優格… 150g
牛奶… 150㎖
奇異果果醬（p19）… 適量

將原味優格用打蛋器充分加以攪拌均勻，直至沒有塊狀再加入牛奶。注入放有奇異果果醬的玻璃杯裡。

🥤 **推薦使用**

藍莓(p16)、鳳梨(p34)、水蜜桃(p42)口味果醬

熱巧克力
享用牛奶與鮮奶油調配的熱飲

牛奶 … 200㎖
鮮奶油 … 40㎖
巧克力醬 (p66) … 5大匙
肉桂粉 … 1/4小匙
打發鮮奶油 (如果有) … 適量

巧克力醬放入碗裡,牛奶用小
鍋溫熱後分次加入,每次加入
即加以攪拌均勻,使其溶化直
到沒有塊狀。再倒入鍋裡,加
入鮮奶油、肉桂粉煮均勻,溫
熱後注入杯中。憑個人喜好添
上鬆軟的打發鮮奶油。

🍎 推薦使用
覆盆莓巧克力醬(p69)

焦糖栗子歐蕾
享受原味的牛奶做成的飲品

牛奶 … 240㎖
焦糖栗子醬 (p73) … 2～3大匙
發泡牛奶 (如果有) … 適量
栗子薄切片 (如果有) … 2片

焦糖栗子醬放入碗裡,分次加
入牛奶,每次加入即加以攪拌
均勻,使其溶化直到沒有塊
狀。再倒入鍋裡溫熱,注入杯
中。憑個人喜好添上發泡牛
奶、裝飾栗子薄片。

🍎 推薦使用
抹茶牛奶(p64)、焦糖(p70)口味醬

熱葡萄酒
享受原味紅葡萄酒做成的熱飲

紅葡萄酒 … 300㎖
水果乾果醬 (p48) … 適量

紅葡萄酒用小鍋溫熱後,注入
放有水果乾果醬的杯子裡。

🍎 推薦使用
蘋果(p28)、杏桃(p40)口味果醬

Apricot Jam

杏桃果醬

※ **材料（成品：約390g）**

杏桃 ············· 500g
細粒砂糖 ········ 250g

※ **賞味期限**

未開封：陰涼處半年～1年
開封後：冷藏2週內

※ **作法**

1 杏桃洗淨，立即瀝乾，順著縱筋用刀子劃一圈切口。用雙手掰開成兩半，去除果核，切成4等份。撒上細粒砂糖，靜置直到水分滲出為止。

2 放入鍋中，用中火熬煮，沸騰後熄火，去除雜質。

3 將作法2放入調理盆裡，並且在表面緊密蓋上保鮮膜，常溫下靜置半天以上（夏天則先降溫後放入冰箱冷藏）。

4 篩濾後僅將汁放入鍋中，以大火煮沸。待雜質浮現，則熄火去除雜質。

5 將在作法4分開的果肉也放入鍋中，以中火再度煮至沸騰。待雜質浮現後，熄火去除雜質。熬煮直到沒有雜質為止，為了避免燒焦，需不時加以攪拌均勻。

6 邊煮邊攪拌，待出現光澤即熄火。

7 立即裝瓶。

使用只在初夏上市的新鮮杏桃。
酸與甜的豐富滋味，深深緊密的融合在其中。

Apricot Compte & Syrup

糖煮杏桃、糖漿

※ **材料**（方便製作的份量）

杏桃 ………… 500g
細粒砂糖 ……… 250g
※完全熟透前的杏桃稍硬，煮起來不容易變形走樣，推薦使用。

※ **賞味期限**

未開封：陰涼處半年～1年
開封後：冷藏2週內

※ **作法**

1　杏桃洗淨，立即瀝乾，順著縱筋用刀子劃一圈切口。用雙手掰開成兩半，去除果核。撒上細粒砂糖，靜置直到水分滲出為止。

2　放入鍋中，用中火熬煮，沸騰後熄火，去除雜質。

3　將作法2放入調理盆裡，並且在表面緊密蓋上保鮮膜，常溫下靜置半天以上（夏天則先降溫後放入冰箱冷藏）。

4　篩濾後僅將汁放入鍋中，以大火煮沸。待雜質浮現，則熄火去除雜質。

5　將在作法4分開的果肉也放入鍋中，以中火再度煮至沸騰。待雜質浮現後，熄火去除雜質。熬煮直到沒有雜質為止，為了避免燒焦，需不時加以攪拌均勻。

6　邊煮邊攪拌，直到杏桃的中心也熟軟後即熄火。
　　※如果煮得過於熟透，容易變形走樣，這點要多加注意。

7　立即裝瓶。

圓滾滾的杏桃，呈現著討喜的橘色！
形狀和口感、風味都絕佳，
非常適合做為製作點心的材料。

入口即化的甘甜和鮮美的香氣。
水蜜桃獨具的風味，任誰都會笑顏逐開！

Peach Jam

水蜜桃果醬

※**材料**（成品：約490g）

水蜜桃 …………	500g（約2顆）
細粒砂糖 ………	250g
檸檬汁 …………	2大匙

※**賞味期限**

未開封：陰涼處半年～1年
開封後：冷藏2週內

※**作法**

1 在較大的鍋子裡放入足量的水煮至沸騰，將爐火轉為弱火～較強的弱火，碗內準備冰水。在水蜜桃底部用刀子劃出十字切口，放入熱水內。待果皮掀起即撈出放入冰水內，從掀起處剝除果皮。

2 將水蜜桃切成1㎝小丁，均勻混入檸檬汁，撒上細粒砂糖。

3 將水蜜桃丁放入鍋裡，轉中火，煮至沸騰時熄火，去除雜質。

4 將作法3放入調理盆裡，並且在表面緊密蓋上保鮮膜，常溫下靜置半天以上（夏天則先降溫後放入冰箱冷藏）。

5 篩濾後僅將汁放入鍋中，以大火煮沸。待雜質浮現，則熄火去除雜質。

6 將在作法5分開的果肉也放入鍋中，以中火再度煮至沸騰。待雜質浮現後，熄火去除雜質。熬煮直到沒有雜質為止，為了避免燒焦，需不時加以攪拌均勻。

7 邊煮邊攪拌，待出現光澤，稍有濃稠狀即熄火。

8 立即裝瓶。

Peach Compote & Syrup

糖煮水蜜桃、糖漿

※ 材料（方便製作的份量）

水蜜桃 ………… 500g(約2顆)
細粒砂糖 ………… 130g
白葡萄酒 ………… 260㎖
檸檬汁 ………… 1/2大匙
檸檬片(厚5mm) … 2片
柳橙片(厚5mm) … 2片

※ 賞味期限

未開封：陰涼處半年～1年
開封後：冷藏1～2週內

※ 作法

1 在較大的鍋子裡放入足量的水煮至沸騰，
將爐火轉為弱火～較強的弱火，碗內準備
冰水。在水蜜桃底部用刀子劃出十字切
口，放入熱水內。待果皮掀起即撈出放入
冰水內，從掀起處剝除果皮。

2 將水蜜桃縱切為6～8等份，均勻混入檸
檬汁。

3 在鍋子裡放入白葡萄酒、細粒砂糖，轉大
火，不時加以攪拌，煮至沸騰、細粒砂糖
溶化為止。

4 加入作法2的水蜜桃、檸檬片和柳橙片，
蓋上烘焙紙（需剪成鍋子大小並剪出一些透氣
孔），用小火熬煮。

5 燉煮15分鐘左右即加以翻攪，再煮大約
10分鐘左右。

6 煮至水蜜桃的中心都熟軟後，即熄火。

7 立即裝瓶。

可以享受大塊果肉的豪華糖煮水果。
入口即化的口感和新鮮的甘甜盡在其中。

不常見的櫻桃果醬，製作簡單又經濟實惠。
不僅可以製作成甜點，用在肉類料理的醬料也很好用。

Cherry Jam

櫻桃果醬

※材料（成品：約400g）

美國櫻桃（去籽）[※] …… 400g
※去籽後份量會減少，必須準備多於
400g的櫻桃。
細粒砂糖 …………… 160g
檸檬汁 …………… 1大匙

a | 果膠 …………… 4g
  | 細粒砂糖 ……… 40g

※賞味期限

未開封：陰涼處半年～1年
開封後：冷藏2週內

※作法

1　櫻桃洗淨，立即瀝乾，順著縱筋用刀子劃一圈切口。用雙手掰開成兩半，去籽，準備去籽的櫻桃果肉400g。切成2～3等份，均勻混入檸檬汁，撒上細粒砂糖。

2　在表面緊密蓋上保鮮膜，靜置半天以上，直到砂糖潤濕、櫻桃水分滲出為止。

3　放入鍋中，用中火熬煮，沸騰後熄火，撈除表面雜質與浮沫。

4　將櫻桃放入調理盆裡，並且在表面緊密蓋上保鮮膜，常溫下靜置半天以上（夏天則先降溫後放入冰箱冷藏）。

5　篩濾後僅將汁放入鍋中，以大火煮沸。待雜質浮現，則熄火去除雜質。

6　將在作法5分開的果肉也放入鍋中，以中火煮至即將沸騰即熄火。將材料a用打蛋器攪拌均勻後加入鍋內，並將鍋內的材料立即拌勻。

7　以中火煮至沸騰，待雜質浮現後，熄火去除雜質。熬煮直到沒有雜質為止，為了避免燒焦，需不時加以攪拌均勻。

8　邊煮邊攪拌直至水果熟軟，待出現光澤即熄火。

9　立即裝瓶。

善用櫻桃原有的形狀和口感，整粒充分熬煮。
滿滿吸收紅葡萄酒的櫻桃，呈現成人風味的獨特芳香。

Cherry Compote & Syrup
糖煮櫻桃、糖漿

※ 材料（方便製作的份量）

美國櫻桃（帶籽）···· 400g
細粒砂糖 ········ 100g
紅葡萄酒 ········ 200㎖

※ 賞味期限

未開封：常溫、陰涼處半年
開封後：冷藏2週內

※ 作法

1 美國櫻桃洗淨後將水分瀝乾。

2 在鍋子裡放入紅葡萄酒、細粒砂糖，轉大火，不時加以攪拌，煮至沸騰、細粒砂糖溶化為止。

3 加入作法1的櫻桃，用中火煮至再度沸騰。待雜質浮現後，熄火去除雜質。

4 放入調理盆裡，並且在表面緊密蓋上保鮮膜，常溫下靜置半天以上 (夏天則先降溫後放入冰箱冷藏)。

5 篩濾後僅將汁放入鍋中，以大火煮沸。待雜質浮現，則熄火去除雜質。

6 將在作法5分開的果肉也放入鍋中，蓋上烘焙紙 (需剪成鍋子大小並剪出一些透氣孔)用小火熬煮。

7 燉煮約15分鐘，櫻桃煮至熟軟即熄火。

8 立即裝瓶。

使用可愛的粉紅花瓣，製作出芬芳香氣的果醬。
淋在優格等等上頭，就是優雅的午茶茶點了。

Rose Jam

玫瑰果醬

※材料（成品：約370g）

大馬士革玫瑰（乾燥）········ 5g
檸檬果肉+果汁············· 60g（約1顆量）
細粒砂糖············· 100g
水················· 300㎖

a 果膠············· 5g
　細粒砂糖········· 50g

大馬士革玫瑰
玫瑰花蕾乾燥而
成。可以在點心
材料店或大型超
商購得。

※賞味期限

未開封：陰涼處半年～1年
開封後：冷藏2週內

※作法

1 檸檬從薄膜內取出所有的果肉。將剩下的部份用手擠出果汁，果肉和果汁合起來準備60g。

2 鍋子裡放入作法1的材料、水、細粒砂糖，轉大火熬煮，不時加以攪拌均勻，直到沸騰、砂糖溶化即熄火。

3 加入乾燥的大馬士革玫瑰，加蓋放置大約5分鐘。

4 用中火煮直至即將沸騰即熄火。將材料a用打蛋器攪拌均勻後加入鍋中，並且立刻拌勻鍋內的材料。

5 用中火煮至沸騰，待浮現雜質，則熄火去除雜質。

6 熬煮大約5分鐘。

7 立即裝瓶。

Japanese Cherry Blossom Jam
櫻花果醬

※材料（成品：約300g）

鹽漬櫻花	15朵
櫻花葉	2片
細粒砂糖	100g
水	300㎖

a | 果膠 | 5g |
| 細粒砂糖 | 50g |

※賞味期限

未開封：陰涼處半年～1年
開封後：冷藏2週內

※作法

1 準備足夠的水，分別浸泡鹽漬櫻花花瓣2
小時，櫻花葉1個半小時左右，去除鹽分
（為了發揮原有的櫻花芳香，去除鹽分至微鹹左
右的程度）。

2 在鍋子裡放入櫻花葉、水、細粒砂糖、檸
檬汁，用大火熬煮，不時加以攪拌均勻。
煮至沸騰且細粒砂糖溶化即熄火。

3 去除櫻花葉（也可以依喜好留下來當作裝飾
用），加入作法1的櫻花花瓣。將材料a用
打蛋器攪拌均勻加入鍋中，並將鍋內材料
立即攪拌均勻。

4 用大火煮至沸騰，待浮現雜質，則熄火去
除雜質。

5 熬煮大約5分鐘之後，即熄火。

6 立即裝瓶。

彷彿濃縮了整個春天的果醬，甜鹹好風味。
放入紅茶裡宛如花朵盛開一般。

Dried Fruits Jam
水果乾果醬

※**材料**（成品：約580g）

無花果乾(白色)	120g
杏桃乾(apricot)	60g
葡萄乾	60g
細粒砂糖	150g
紅葡萄酒	200㎖
檸檬	1/4顆
柳橙	1/4顆
肉桂粉	1/4小匙
香草豆莢	1/4條

香草豆、肉桂粉
用於增添香氣和風味。可以在點心材料店或大型超商等購得。

※**賞味期限**

未開封：陰涼處半年～1年
開封後：冷藏2週內

※**作法**

1 無花果乾、杏桃乾切5mm厚度。用刷子充分刷洗檸檬、柳橙表皮，連果皮切大約1～2mm薄片。香草豆莢縱切開，用刀子刮出香草籽。

2 在鍋子裡放入紅葡萄酒、細粒砂糖、肉桂粉，以及作法1的香草籽（連豆莢）。用大火熬煮，不時加以攪拌均勻。煮至沸騰且細粒砂糖溶化即熄火。

3 將作法1的水果乾、檸檬和柳橙片及葡萄乾放入鍋內，轉中火，煮至沸騰即熄火。

4 將作法3材料放入調理盆中，在表面緊密蓋上保鮮膜，常溫下靜置約半天以上（夏天則先降溫後放入冰箱冷藏）。

5 將作法4的材料放入鍋中，用較強的中火煮至再度沸騰即熄火。

6 立即裝瓶。

濃郁有份量的果醬，在寒冷的時期是珍品。
不妨用喜好的香料搭配組合，享受自創的風味吧！

依梅子的熟透程度分開製作的果醬和糖漿。
和檸檬一起用水或碳酸水稀釋做出來的飲料，適合夏天飲用。

Plum Jam
梅子果醬

※ **材料**（成品：約520g）
黃梅(完全熟) ····· 1kg (帶果核)
細粒砂糖 ········ 600g

※ **賞味期限**
未開封：陰涼處半年～1年
開封後：冷藏2週內

※ **作法**

1 充分清洗梅子，在足量的水裡浸泡一晚，去除雜質。用濾網濾掉水分，再用竹籤挑除梅子蒂。

2 在鍋裡放入梅子與充足的水，用中火煮至沸騰。梅子浮出水面即取出，用濾網濾掉水分。此作法重複2次，用流水沖洗梅子。

3 將作法2的梅子瀝乾水分放入鍋內，用手壓碎去核。

4 加入細粒砂糖，轉中火，邊煮邊撈除雜質。煮至呈濃稠的狀態即熄火。

5 立即裝瓶。

Plum Syrup
梅子糖漿

※ **材料**（成品：約600g）
青梅 ·········· 500g
細粒冰糖 ······· 460g
檸檬 ·········· 1/2顆

※ **賞味期限**
未開封：陰涼處半年～1年
開封後：冷藏1個月內
※放在溫暖的場所容易發酵，必須特別注意。

※ **作法**

1 充分清洗梅子，在足量的水裡浸泡一晚，去除雜質。用濾網濾掉水分，用乾淨的布擦乾。再用竹籤挑除梅子蒂，在梅子上戳洞。

2 檸檬去皮，將果肉連皮切成可以裝入瓶子裡的大小。

3 在瓶子裡緊密交相裝填冰糖、梅子、檸檬。最後放入冰糖，讓梅子完全隱沒在其中，在陰涼處放置2～3週。每天要搖瓶子一次，讓糖漿和梅子充分混合。

4 待冰糖完全溶化，梅子變皺之後，取出檸檬，加以過濾，僅將糖漿放入鍋內，煮沸後熄火。

5 再與作法4分開的梅子一起裝瓶。

帶酸味的清爽糖漿，敬請當作飲料飲用。
疲倦的身子立刻能振作起來，充滿活力。

Red Labiate Syrup

紅紫蘇糖漿

※材料（成品：約550g）

紅紫蘇 …………	250g
細粒砂糖 ………	500g
水 ………………	380㎖
檸檬汁 …………	100㎖

※賞味期限

未開封：陰涼處半年～1年
開封後：冷藏1個月內

※作法

1 紅紫蘇放入碗內，換水2～3次充分清洗去砂，瀝乾水分。

2 將水、細粒砂糖放入鍋內，用大火煮至沸騰、細粒砂糖溶化為止，需不時加以攪拌均勻。煮沸後轉為中火，放入紅紫蘇，再度煮沸即取出，加入檸檬汁拌勻。

3 去除雜質，用小火煮大約30分鐘，熄火。在濾網上擺放廚房紙巾，加以過濾。

4 立即裝瓶。

Column 2　剩餘的果醬、水果活用術

吃到最後瓶底剩下的少許果醬，和吃不完所剩下來的水果，
不妨試著混合，做出具有獨創性的美味果醬看看吧！
作法順序和普通製作果醬的作法相同，非常簡單。

準備任何果醬都OK。如果只是使用不同果醬混合來煮，只會煮到乾，味道會過甜，並不理想。
水果選擇使用新鮮的或若是罐裝的都無所謂。
不立刻使用的水果，請放入密封袋中冷凍起來。自然解凍後，切成入口大小來使用。

作法

在調理盆裡放入喜歡的水果，加入水果量約一半的細粒砂糖。之後的方法則參考p12（草莓果醬）或p18（覆盆莓果醬）等，加以熬煮。加入吃不完的剩餘果醬的時機為，煮到幾乎煮乾水分再添加，快速攪拌均勻即完成。

¤ 果醬再加熱的方法
一旦開瓶的果醬，建議儘早食用，但往往都會很難全吃完。這種時候的解決方法之一就是用鍋子再加熱一次，再度裝瓶。也許要靠這種方法想要無限期食用是一件難事，但是可以暫時延長賞味期限。

Mixed Fruits Jam

綜合水果果醬

這是在前一頁調理盆裡的水果
（草莓、水蜜桃、鳳梨、柳橙、
奇異果等）所做出來的果醬。各
種水果的美味盡在其中，具有奢
華的風味，鳳梨的口感也是一大
重點。

Kiwi Jam × *Orange*

奇異果果醬×柳橙

以剩餘的奇異果果醬為基本，加入冷凍柳橙。可以
享受到控制了甜度的清爽風味。奇異果的種籽口感
是其獨特且與眾不同之處。

Blueberry Jam × *Strawberry*

藍莓果醬×草莓

混合了剩餘的藍莓果醬和冷凍草莓。
莓類的組合，呈現絕對的美味。也建議你用檸檬汁增添酸味。

藍莓果凍
享受做果凍的樂趣

糖煮藍莓、糖漿（p17）※ … 150g
※糖煮水果與糖漿的比例大約為1：1～1：2即可。
水 … 50mℓ
果凍粉 … 4g
冷水 … 1大匙

在冷水裡撒入果凍粉，覆蓋上保鮮膜，放入冰箱冷藏15分鐘以上。在鍋子裡加入糖煮藍莓以及水，用中火溫熱直到即將沸騰，熄火。加入泡有果凍粉的冰水，攪拌均勻至溶解。放到碗裡，隔冰水攪拌至冷卻，呈現濃稠狀即倒入模型內。覆蓋上保鮮膜，放入冰箱冷藏2小時以上至凝固變硬即可。

🍐 推薦使用　糖煮水蜜桃(p43)
　　　　　　※使用水蜜桃蜜餞80g（切成約1cm小丁，用濾網瀝乾）、水蜜桃糖漿140mℓ。水、果凍粉、冷水的份量同上。

西洋梨的冰沙
製作成冰沙快樂地享用

西洋梨糖漿（p33）… 200mℓ
白葡萄酒 … 100mℓ
檸檬汁 … 2小匙

將所有的材料混合在一起，放入厚密封袋中，在冷凍庫裡冰凍至硬。取出，從袋子外面用手捏碎，做成冰沙。

🍐 推薦使用　奇異果(p19)、鳳梨(p35)、水蜜桃(p43)
　　　　　　※使用鳳梨時，因甜度高，須在上記的材料中添加冷開水，調節到個人喜好的甜度。

覆盆莓甘納許
製作成巧克力開心地享用

牛奶巧克力 (做點心用) … 130g
鮮奶油 … 50㎖
覆盆莓果醬 (p18) … 1大匙

在調理盆裡放入切成碎片的牛奶巧克力，用
40℃左右的熱水從盆外隔水加溫，等牛奶巧克
力溶化後拿開熱水。在鍋內放入鮮奶油、覆盆莓
果醬，用中火溫熱直到即將沸騰，立刻加入巧克
力中，用橡皮刮刀攪拌均勻至嫩滑。降溫後覆蓋
上保鮮膜，放入冰箱裡冷藏至凝固變硬。
※將拌好的巧克力醬放在橄欖球狀的模型裡凝固，就可
以當做禮物送人了。

🍎推薦使用　蘋果果醬(p28)、焦糖醬(p70)

櫻花丸子
作成日式點心快樂地享用

糯米粉 … 60g
水 … 50㎖
櫻花果醬 (p47) … 適量
蜜紅豆 … 適量

調理盆裡放入糯米粉，分次添加少許水，揉到
耳垂左右的柔軟度 (如果顯得過軟即停止加水)。等
糯米粉糰揉至光滑即用手搓成小丸子，在丸子
中央稍微壓出凹陷。將丸子放入用中火煮的滾
水裡，待沉下去的丸子浮上來後，再煮約30秒
鐘，撈出過冰水。在器皿中放入丸子，淋上蜜紅
豆與櫻花果醬。

🍎推薦使用　梅子果醬(p50)、鳳梨果醬(p34)、杏桃果醬
　　　　　　(p40)
　　　　　　※使用鳳梨果醬時，不放蜜紅豆。

讓大家驚艷，而且大受歡迎的自豪食譜。
用檸檬提出酸味，黑胡椒加味，
融合出深奧的風味。

Tomato Jam

蕃茄果醬

※ **材料**（成品：約400g）

蕃茄(推薦桃太郎品種)	黑胡椒(如果可以就使用
⋯⋯⋯ 400g(約4顆)	剛磨好的)⋯⋯ 適量
細粒砂糖 ⋯⋯ 150g	a 果膠 ⋯⋯⋯ 5g
檸檬汁 ⋯⋯ 4小匙	細粒砂糖 ⋯⋯ 50g
檸檬皮 ⋯⋯ 1/2顆	

※ **賞味期限**

未開封：陰涼處半年～1年
開封後：冷藏2週內

※ **作法**

1 薄薄地削取檸檬皮，不要帶有白色部分，切絲。

2 將檸檬皮絲放入滾水中，煮約10分鐘，用濾網濾掉水分。反覆此作法兩次，瀝乾後放入調理盆中（品嚐看看，若覺得苦味過強就再煮一次）。

3 蕃茄用滾水燙過去皮，切成6等份，去芯，準備400g。切成1cm小丁，均勻混入檸檬汁，撒上細粒砂糖。放入作法2中的檸檬皮絲，撒上黑胡椒。
※滾水去皮的方法請參照p42(水蜜桃果醬)作法1。

4 放入鍋內，用中火煮沸後熄火，去除表面雜質。

5 放入調理盆內，在表面緊密蓋上保鮮膜，常溫下靜置半天以上（夏天則先降溫後放入冰箱冷藏）。

6 篩濾後僅將汁放入鍋中，以大火煮沸。待浮現雜質，則熄火去除雜質。

7 將作法6中分開的果粒放入鍋內，用中火熬煮，即將沸騰時熄火。將材料a以打蛋器攪拌均勻後加入，立刻攪拌均勻。

8 以中火煮至沸騰，出現雜質後，即熄火去除雜質。熬煮直到沒有雜質為止，為了避免燒焦，需不時加以攪拌均勻。

9 邊煮邊攪拌，待出現光澤後即熄火。

10 立即裝瓶。

Arranged Jam

蕃茄梅子果醬

添加梅子的風味，味道更有深度，更有甜點的感覺。

¤ **材料**（成品：約400g）

蕃茄 ⋯⋯⋯ 200g(約2顆)	
梅子 ⋯⋯⋯ 200g(約4顆)	
細粒砂糖 ⋯⋯ 160g	
檸檬汁 ⋯⋯ 20mℓ	
a 果膠 ⋯⋯⋯ 4g	
細粒砂糖 ⋯⋯ 40g	

¤ **作法**

1 梅子去核，連皮縱切成8等份，準備200g。

2 蕃茄用滾水燙過去皮，切成6等份，去芯，準備200g。切成1cm小丁，和梅子一起放入調理盆中，均勻混入檸檬汁，撒上細粒砂糖。

3 後續和蕃茄果醬的作法4～10相同。

濃郁的風味和潤滑的口感，
具有香料風味是一大特徵。
可以作為派塔、法式鹹派裡的內餡。

Pumpkin Paste
南瓜醬

※**材料**（成品：約400g）

南瓜 ············· 250g
（因為會去除纖維等等，所以多準備些）
細粒砂糖 ········· 90g
牛奶 ············· 4小匙
鮮奶油 ·········· 100㎖
香草豆莢 ········· 1/4條
八角※ ············· 1個
※沒有也可以。

八角、香草豆莢
※參照p34、p48。

※**賞味期限**

未開封：冷藏2～3個月內
開封後：儘早吃完

※**作法**

1 南瓜去皮去籽，切成2～3㎝小丁。放入
耐熱容器中，輕輕覆蓋保鮮膜，放入微波
爐中加熱約5分鐘，至竹籤能輕易刺入的
程度。香草豆莢縱切開，用刀子刮出香草
籽備用。

2 將作法1加熱後的南瓜透過濾網壓濾過
篩，準備250g。

3 鍋中放入作法2的南瓜、牛奶、鮮奶油、
細粒砂糖、香草籽（連豆莢）、八角，充分
攪拌均勻後，用較強的中火煮。

4 煮至沸騰，就改為較弱的
中火，避免煮焦，時時用
橡皮刮刀攪拌均勻。從鍋
底冒出泡泡，有了濃度之
後（黏度高，呈現濃稠狀態）即
熄火。

5 立即裝瓶。

Sweet Potato and Maple Syrup Paste
楓糖地瓜醬

※材料（成品：約400g）

地瓜 ………… 250g
　（因為會去除纖維等等，所以多準備些）
楓糖漿 ………… 50g
細粒砂糖 ………… 50g
牛奶 ………… 4小匙
鮮奶油 ………… 100㎖

※賞味期限

未開封：冷藏2～3個月內
開封後：儘早吃完

※作法

1 地瓜去皮，切成1㎝厚，浸泡以去除雜質，需換水3～4次（至水不混濁即可）。用濾網瀝乾後放入鍋中，加水至蓋住地瓜，煮至竹籤能輕易插入的程度。

2 將作法1加熱後的地瓜透過濾網壓濾過篩，準備250g。

3 鍋中放入作法2的地瓜、牛奶、鮮奶油、楓糖漿、細粒砂糖，充分攪拌均勻後，用較強的中火煮。

4 煮至沸騰，就改為較弱的中火，避免煮焦，時時用橡皮刮刀攪拌均勻。從鍋底冒出泡泡，有了濃度之後（黏度高，呈現濃稠狀態）即熄火。

5 立即裝瓶。

楓糖漿濃郁而風味鮮美，
製作出與平常有別的高級滋味。
用吐司小烤箱烘烤，甜蕃薯泥就完成了。

醒目的橘色，總之就是漂亮！
甜度適中，推薦你早餐食用，搭配麵包如何呢？

Carrot and Orange Jam
紅蘿蔔柳橙果醬

※**材料（成品：約350g）**

紅蘿蔔 ……………………… 170g（約1根）
柳橙的果肉＋果汁 ……… 170g（約1個份）
細粒砂糖 ……………… 120g
檸檬汁 ……………… 1大匙

a	果膠 ……………… 5g
	細粒砂糖 ……… 50g

※**賞味期限**

未開封：陰涼處半年～1年
開封後：冷藏2週內

※**作法**

1 紅蘿蔔去皮，切成厚2mm
的扇形片。放入滾水中，
煮到變軟，瀝乾水分，準
備170g。柳橙取出所有果
肉，剩下的薄皮也擠壓出
果汁，果粒與果汁合起來要有170g。

2 紅蘿蔔和柳橙混合，將檸檬汁均勻淋上，
撒上細粒砂糖，加以攪拌混合。

3 將材料放入鍋裡，用中火煮沸後即熄火，
去除雜質。

4 放入調理盆內，在表面緊密蓋上保鮮膜，
常溫下靜置半天以上（夏天則先降溫後放入
冰箱冷藏）。

5 篩濾後僅將果汁放入鍋中，以大火煮沸。
待雜質浮現，則熄火去除雜質。

6 將果粒也放入鍋中，用中火煮至將要沸騰
即熄火。將材料a用打蛋器攪拌均勻後加
入，快速攪拌均勻使材料溶化。

7 邊攪拌，邊以中火煮至沸騰，出現雜質
後，即熄火去除雜質。熬煮直到沒有雜質
為止，為了避免燒焦，需不時加以拌勻。

8 邊煮邊攪拌，直到煮透，
出現光澤即熄火，放入果
汁機內打勻。

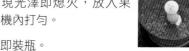

9 立即裝瓶。

Walnut Paste
蜂蜜核桃醬

※ **材料（成品：約400g）**

核桃 …………… 200g
細粒砂糖 ……… 80g
蜂蜜 …………… 20g
牛奶 …………… 100㎖
鮮奶油 ………… 50㎖
蘭姆酒 ………… 2小匙

※ **賞味期限**

未開封：冷藏2～3個月內
開封後：儘早吃完

※ **作法**

1 核桃放入160℃的烤箱烘烤
約10分鐘，降溫後用手搓
核桃去皮。

2 放入果汁機中攪打，弄碎
至稍微留有顆粒的粗細。
※如果沒有果汁機，可放入塑膠
袋裡，用桿麵棍敲碎。

3 鍋中放入作法2的核桃、牛奶、鮮奶油、
細粒砂糖、蜂蜜，充分攪拌均勻後，用較
強的中火煮。

4 煮至沸騰，就改為較弱的中火，避免煮
焦，時時用橡皮刮刀攪拌均勻。煮至水分
收乾，出現光澤，有了濃度（黏度高，呈現
濃稠狀態)即熄火，加入蘭姆酒攪拌均勻。

5 立即裝瓶。

香濃的核桃加入蜂蜜、
蘭姆酒，呈現成熟的口味。
享受顆粒的口感，適合秋天食用。

handwritten: MIK 29 36 sugr 3.6

Milk Paste

牛奶醬

handwritten: 24. 29. 4

※**材料**（成品：約350g）　　　　　*800*

牛奶 ················ 400㎖　　*400*

鮮奶油 ············· 200㎖　　*240*

細粒砂糖 ············ 120g　　*410*
　　　　　　　　　　　　　　　650

※**賞味期限**

未開封：冷藏半年內
開封後：儘早吃完

※**作法**

1 鍋中加入所有材料，用大火煮，偶爾需要加以攪拌均勻，煮至沸騰、細粒砂糖溶化為止。

2 都用大火容易煮焦，可視情況改用較強的中火，用橡皮刮刀不停地加以攪拌，煮至水分收乾。

3 有了濃度之後（黏度高，呈現濃稠狀態）會很容易煮焦，在快要煮焦時改用中火～較強的弱火，必須不停地攪拌，使水分收乾變成糊狀。

4 冷卻後濃度會更高、變硬，因此要在煮到比想要的濃度稍微柔軟的程度即熄火。

5 立即裝瓶。

handwritten:
Tatall
milk 1600 ml
sugar 650 g
鮮: 800 ml.

可以享受到濃稠的口感和柔和的香甜，
塗抹在麵包和餅乾上馬上就成為美味的點心了。
加入1/3條香草豆莢，又會變成另一種不同的風味；
兩種都是值得推薦的食譜。

在牛奶醬中，加入茶的香氣和風味；
溶入牛奶，就能輕鬆享受奶茶和抹茶
牛奶的口味。

Milk Tea Paste
奶茶醬

※材料（成品：約350g）

牛奶	200㎖	細粒砂糖	50g
鮮奶油	200㎖	水	130㎖
紅茶茶葉※	20g		

※為了呈現紅茶的香味，使用英國伯爵茶。

a | 果膠 ⋯⋯⋯⋯ 5g
　| 細粒砂糖 ⋯⋯ 50g

※賞味期限

未開封：冷藏半年內
開封後：儘早吃完

※作法

1 將水放入鍋中煮沸後熄火，加入紅茶葉快速攪拌均勻，加蓋燜5分鐘。

2 加入溫熱的牛奶，加蓋放置1分鐘。用橡皮刮刀加壓仔細篩濾後，放入鍋中。

3 加入鮮奶油、細粒砂糖，轉中火，煮到即將沸騰即熄火。將材料a用打蛋器攪拌均勻後加入，快速攪拌均勻。

4 為了避免燒焦，需不時加以攪拌均勻。用中火煮大約5分鐘即熄火。

5 立即裝瓶。

Milk Maccha Paste
抹茶牛奶醬

※材料（成品：約350g）

牛奶	400㎖	抹茶	10g
鮮奶油	200㎖	細粒砂糖	120g

※賞味期限

未開封：冷藏半年內
開封後：儘早吃完

※作法

1 細粒砂糖與抹茶用打蛋器充分混拌勻。

2 將牛奶放入鍋中溫熱到即將沸騰。取約1/5量放入作法1的材料中，用打蛋器攪拌均勻，混合後再加入1/5的牛奶。反覆此作法，讓抹茶完全溶於牛奶裡。如果抹茶沒有完全溶化，先過濾後放入鍋中，加入鮮奶油。

3 用較強的中火煮，以橡皮刮刀不停加以攪拌均勻，煮至水分收乾即熄火。

4 後續的作法和p62的作法3之後相同。

牛奶×草莓的組合，任誰都會喜歡！
推薦直接淋在刨冰上享用，或和牛奶搭配做成冰沙。

Milk Strawberry Paste
草莓牛奶醬

※**材料**（成品：約350g）

【牛奶糊】

牛奶 ·············· 200㎖
鮮奶油 ··········· 100㎖
細粒砂糖 ········ 60g

【草莓果醬】

草莓 ·············· 300g
細粒砂糖 ········ 150g
檸檬汁 ··········· 1大匙

※**賞味期限**

未開封：冷藏半年內
開封後：儘早吃完

※**作法**

1 製作草莓果醬（參照p12）。

2 製作牛奶糊（參照p62）。

3 作法1和作法2充分混合攪拌均勻。

4 立即裝瓶。

Chocolate Paste
巧克力醬

※ 材料（成品：約430g）

【牛奶糊】
牛奶 ···············400㎖
鮮奶油 ·············200㎖
細粒砂糖 ············120g
苦味巧克力（做點心用）[※] ······ 90g
※如果使用板狀巧克力，必須先切碎。

※ **賞味期限**
未開封：冷藏半年內
開封後：儘早吃完

※ **作法**

1 苦味巧克力放在調理盆內，用50℃左右的
熱水隔著盆溫熱，攪拌至溶化。

2 製作牛奶糊（參照p62）。
※加入巧克力會硬化，所以用火煮的時間要減
少，做成稍軟的程度。

3 停止加熱作法1中的巧克力，取1/4左右的
牛奶糊加入，充分拌勻。起先會浮出油，
分離而無法融在一起，再加入剩餘牛奶糊
的一半份量拌勻，就會呈現滑順的狀態。

4 加入剩下的牛奶糊加以攪拌均勻。

5 立即裝瓶。

壓抑了甜度，讓巧克力的苦味也能呈現出來，以供品嚐。
可以淋在冰淇淋上或混在牛奶裡…
這是能讓簡單的點心變得美味可口的萬能巧克力醬。

巧克力和香蕉混合搭配起來美味絕倫，
做成了濃郁的巧克力香蕉醬。
雖然價格稍微貴了一些，不過使用大溪地產的香草豆莢，
做出來就會有大人的成熟風味了。

White Chocolate Banana Paste
牛奶巧克力香蕉醬

※ 材料（成品：約400g）

【香蕉果醬】

香蕉(完全熟) ····· 300g(約4根)
細粒砂糖 ········ 150g
檸檬汁 ·········· 2小匙
香草豆莢 ········ 1/4條
牛奶巧克力(做點心用)[※] ····· 60g
※如果使用板狀巧克力，必須先切碎。

※ 賞味期限

未開封：冷藏半年內
開封後：儘早吃完

※ 作法

1 製作香蕉果醬（參照p36）。

2 熄火，迅速加入牛奶巧克力碎，加
以攪拌均勻後使其溶化。

3 用較弱的中火，迅速煮至水分收乾，等出現光澤即
熄火。

4 立即裝瓶。

將帶酸味的覆盆莓，和多汁的西洋梨，
使用巧克力來綜合搭配。
襯托出水果的風味，呈現高級的口感。

Raspberry Chocolate Paste
覆盆莓巧克力醬

※材料（成品：約400g）

【覆盆莓果醬】　　　　　苦味巧克力
覆盆莓 ………… 360g　（做點心用）※…… 90g
細粒砂糖 ……… 180g　※板狀巧克力需先切碎。

※賞味期限

未開封：冷藏半年內
開封後：儘早吃完

※作法

1 製作覆盆莓果醬（參照p18）。請注意，在這裡
　不加入檸檬汁。

2 熄火，迅速加入苦味巧克力碎，加以攪拌均勻
　後使其溶化。

3 用較弱的中火迅速煮至水分收乾，等出現光澤
　即熄火。

4 立即裝瓶。

Pear Chocolate Paste
洋梨巧克力醬

※材料（成品：約400g）

【西洋梨香草果醬】　　　苦味巧克力
西洋梨 … 360g（約2顆）　（做點心用）※…… 70g
細粒砂糖 ……… 180g　※板狀巧克力需先切碎。
檸檬汁 ………… 1大匙

※賞味期限

未開封：冷藏半年內
開封後：儘早吃完

※作法

1 製作西洋梨的果醬（參照p32）。請注意，在這
　裡沒有加入香草豆莢。

2 熄火，迅速加入苦味巧克力碎，加以攪拌均勻
　後使其溶化。

3 用較弱的中火迅速煮至水分收乾，等出現光澤
　即熄火。

4 立即裝瓶。

滑順的口感、濃郁的醇厚香甜風味，讓人想要再三品嚐。
塗在麵包或蘇打餅上，就能做出特別的點心。

Caramel Paste

焦糖醬

(handwritten, top right)
鮮奶 ⇒ 400 ml   800ml
sugar ⇒ 400 g   800 g
milk ⇒ 800 ml. 1600 ml

(handwritten, left margin)
80

v = 36
x = 6
o = 29

※材料（成品：約440g）

【焦糖奶油】

✓ 鮮奶油	80㎖	160·
✗ 細粒砂糖	30g	60·

o	牛奶	400㎖	800·
a	鮮奶油	120㎖	240·
✗	細粒砂糖	170g	~~350~~

340

※賞味期限

未開封：冷藏半年內
開封後：儘早吃完

※作法

1 製作焦糖奶油。在鍋裡放入細粒砂糖，用
　小火煮到淺咖啡色即熄火。

2 和作法1同時在另一個鍋裡煮鮮奶油至沸
　騰，分3次加入作法1的材料裡（沸騰容易溢
　出鍋子，要小心注意），每次添加入鮮奶油即
　充分加以攪拌均勻至滑順。

3 在作法2裡加入材料a，用較強的中火，以
　橡皮刮刀不停加以攪拌均勻，煮去水分。

4 有了濃度之後很容易煮焦，在快要煮焦時
　改用中火～較強的弱火，不停攪拌均勻，
　使水分收乾。

5 冷卻後濃度會更高、變硬，因此要在煮到
　比想要的濃度稍稀而柔軟的程度即熄火。

6 立即裝瓶。

純手工製作才會有的超完美組合！
製作過程中完成的芒果果醬，
也不妨加以使用。

Caramel Mango Paste
焦糖芒果醬

※ **材料**（成品：約550g）

【芒果果醬】
芒果 .... 300g（大顆1顆）
細粒砂糖 150g
檸檬汁 2大匙

【焦糖醬】
鮮奶油 .... 40㎖
細粒砂糖 15g

牛奶 .... 200㎖
鮮奶油 .... 60㎖
細粒砂糖 85g

※ **賞味期限**

未開封：冷藏半年內
開封後：儘早吃完

※ **作法**

1 製作芒果果醬。將芒果去皮去核，切成1.5㎝小丁，準備300g。均勻混入檸檬汁，撒上細粒砂糖。

2 將材料放入鍋裡，用中火煮沸後即熄火，去除雜質。

3 放入調理盆內，在表面緊密蓋上保鮮膜，常溫下靜置半天以上（夏天則先降溫後放入冰箱冷藏）。

4 篩濾後僅將果汁放入鍋中，以大火煮沸。待雜質浮現，則熄火去除雜質。

5 將在作法4分開的果肉也放入鍋中，以中火再度煮至沸騰。待雜質浮現後，熄火去除雜質。熬煮直到沒有雜質為止，為了避免燒焦，需不時加以攪拌均勻。

6 邊煮邊攪拌以收乾水分，待出現光澤、略顯黏稠之後即熄火。

7 製作焦糖醬（參照p70）。

8 將作法6和作法7混合，充分攪拌均勻。

9 立即裝瓶。

Caramel Marron Paste

焦糖栗子醬

※材料（成品：約380g）

【焦糖醬】

鮮奶油	60㎖
細粒砂糖	20g
牛奶	300㎖
鮮奶油	90㎖
細粒砂糖	80g
栗子醬	130g

※**賞味期限**

未開封：冷藏半年內

開封後：儘早吃完

※**作法**

1 製作焦糖醬（參照p70）。因為之後要加入
栗子醬，所以要做得柔軟一些。

2 用橡皮刮刀均勻攪拌栗子醬至變軟。將作
法1焦糖醬的1/4份量加入栗子醬裡，攪
拌均勻至滑順。再將剩下的焦糖醬分3次
加入栗子醬裡，加以拌勻。反覆此作法，
讓材料呈現沒有顆粒、柔滑的狀態。

3 將作法2中的材料放入鍋內，用中火煮，
避免煮焦，不停以橡皮刮刀攪拌均勻，煮
至沸騰即熄火。

4 立即裝瓶。

鬆軟、具淡淡甜味的栗子，

在這裡以濃郁香甜的焦糖搭配。

添在拿鐵咖啡中，家裡瞬間成了咖啡館。

Column 3　**當作禮物送人時的包裝**

做出美味的果醬和糖煮水果，就想分贈給重要的人。
用緞帶或色紙，或是用香辛料加以裝飾，或者添上寫有隻字片語的卡片，附上手工製的餅乾等等。
此處介紹用身邊的材料即能製作出的可愛包裝範例。

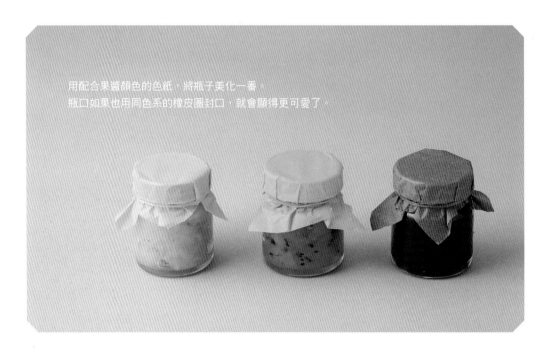

用配合果醬顏色的色紙，將瓶子美化一番。
瓶口如果也用同色系的橡皮圈封口，就會顯得更可愛了。

善用圓嘟嘟的可愛瓶身形狀，做簡約的包裝。
瓶子裡是檸檬凝乳，卡片也是檸檬的形狀。用麻繩繫上卡片。

使用製作蛋糕時
所使用的模型（木製）做包裝。
附上餅乾，呈現美好的下午茶時光。

適合成人，有些許成熟風味的包裝。
附上做果醬時使用的香辛料，
就會呈現裝飾品一般美觀的氛圍。

Cheese Crepe with Tomato Jam

Cherry Clafoutis

起司可麗餅淋蕃茄果醬
快樂變化平時的可麗餅

(直徑16cm約10份)
奶油 … 40g
雞蛋 … 1個
牛奶 … 150mℓ
低筋麵粉 … 30g
高筋麵粉 … 30g
細粒砂糖 … 10g
鹽 … 1撮
奶油乳酪 … 適量
喜好的果醬 (這裡使用的是p56的蕃茄果醬) … 適量

1 製作融化奶油。在鍋中放入奶油,用較弱的中火加熱,等到奶油冒泡泡、焦成淡金黃色即熄火,將鍋底浸入水中。

2 在調理盆裡放入過篩的低筋麵粉和高筋麵粉,加入細粒砂糖和鹽,用打蛋器攪拌均勻,在中央做出凹陷。

3 在別的碗內打入蛋,攪拌均勻後,加入牛奶攪拌均勻。在作法2材料中的凹陷處一邊加入少許牛奶,用打蛋器將麵粉加以攪拌 (要注意不要結成顆粒狀)。用濾網過篩,加入作法I中的融化奶油,充分攪拌均勻。覆蓋上保鮮膜,放置1小時以上 (可以冷藏在冰箱裡2天。放置半天以上,麵糊會變得比較好用)。

4 燒熱平底鍋,薄薄地鋪上 (份量外)一層奶油,倒入約一杓份量的作法3的麵糊,一邊晃動煎鍋將麵糊薄薄地推開。等麵糊邊緣煎乾,上色,即翻面煎熟。

5 包入奶油乳酪,淋上蕃茄果醬。

🍷 **推薦使用** 蘋果(p28)、鳳梨(p34)、杏桃(p40)等口味果醬都可以!

焗烤法式櫻桃布丁
做成烤點心快樂品嚐

(380mℓ・橢圓形容器1個份)
奶油乳酪 … 20g
細粒砂糖 … 20g
蛋液 … 1/2個
鮮奶油 … 60mℓ
牛奶 … 60mℓ
低筋麵粉 … 1又1/2小匙
糖煮櫻桃 (p45) … 14顆

1 用橡皮刮刀攪拌奶油乳酪至均勻無顆粒而綿密。添加細粒砂糖,攪拌均勻。

2 少量分次加入蛋液,每次加入都要攪拌均勻。依鮮奶油、牛奶的順序加入,每次加入都要攪拌均勻。

3 在另一調理盆中篩入低筋麵粉,將作法2中的材料分次少量加入其中,攪拌均勻至滑順沒有顆粒狀,並且加以篩濾。

4 在模型中倒入作法3的材料,擺放瀝乾的糖煮櫻桃。放入170℃烤箱中,烘烤大約30分鐘,烤至整個呈現淡淡的焦黃色為止。

🍷 **推薦使用** 蘋果(p30)、西洋梨(p33)、鳳梨(p35)、水蜜桃(p43)糖煮水果
※份量依個人喜好即可

※材料為2人份。只有椰子香蕉布丁為3～4人份

Coconut Banana Pudding

Pan Cake with Lemon Jam

椰子香蕉布丁
做成布丁開心享用的點心

牛奶 … 50㎖
椰奶 … 50㎖
鮮奶油 … 100㎖
香蕉果醬（p36）… 80g
果凍粉 … 3g
冷水 … 15㎖（1大匙）
蘭姆酒（如果有建議使用white rum）… 1/4小匙

1 在冷水裡篩入果凍粉，用保鮮膜覆蓋，放入冰
　箱裡冷藏15分鐘以上。
2 在鍋裡放入牛奶、椰奶、鮮奶油、香蕉果醬，
　用中火煮至即將沸騰。熄火，加入作法1材
　料，攪拌均勻使溶化，加入蘭姆酒拌勻。
3 將作法2的材料放入調理盆內，隔冰水攪拌至
　涼，呈現濃稠狀即倒入模型內。覆蓋保鮮膜，
　冷藏2小時以上至凝固變硬。

🍎 推薦使用　草莓(p12)、鳳梨(p34)

鬆餅淋檸檬果醬
平時的鬆餅做成快樂點心

低筋麵粉 … 200g
泡打粉 … 2小匙
細粒砂糖 … 10g
雞蛋 … 2個
原味優格 … 60g
牛奶 … 140㎖
喜好的果醬（這裡使用p20的檸檬果醬）… 適量

1 在調理盆內打入蛋拌勻，加入細粒砂糖攪拌。
　再加入原味優格攪拌均勻，直至沒有顆粒狀即
　加入牛奶拌勻。低筋麵粉和泡打粉一起過篩加
　入，用打蛋器攪拌均勻至沒有粉狀。
2 燒熱平底鍋，薄薄地舖上（份量外）一層奶油，
　倒入作法1的麵糊。煎至表面冒出泡泡之後即
　翻面，煎至兩面呈現焦黃色。
3 盛盤，淋上檸檬果醬。

🍎 推薦使用　葡萄柚(p24)、水果乾(p48)、蕃茄(p56)等等
　　　　　　口味的果醬都可以！

用果醬、糖煮水果、水果奶醬製作的特別甜點

要自己製作正統的蛋糕或水果塔難度似乎很高。然而，運用美味新鮮水果製作的果醬和糖煮水果，就能做出不輸店家販賣的高級風味。使用自己準備的材料，美味加分，吃在嘴裡讓人格外感恩。

Strawberry Shortcake
草莓鮮奶油蛋糕

※ 材料（直徑15cm・圓形模1個）

【海綿蛋糕】

雞蛋	2個
細粒砂糖	70g
低筋麵粉	70g
無鹽奶油	20g
牛奶	10㎖（2小匙）

【發泡鮮奶油】

鮮奶油	400㎖
細粒砂糖	40g

【糖漿】

細粒砂糖	15g
水	20㎖（4小匙）
櫻桃酒	1小匙

【裝飾】

草莓	約2/3盒
糖煮草莓、糖漿(p14)	各適量

※ 賞味期限、適合食用時間

剛做完當天～隔天（與其剛做完時食用，放一段時間食用風味會較佳。保存時要注意乾燥。）

※ 準備

・鮮奶油以外的材料要恢復常溫。
・低筋麵粉必須過篩。
・糖煮草莓必須用濾網濾掉水分。
・在圓形模裡舖上烤箱用烘焙紙（在整個模型內先塗抹上奶油，就能舖得很漂亮）。
・將烤箱預熱到160℃。

※ 作法

1 製作糖漿。在鍋裡加入水、細粒砂糖，用中火煮至細粒砂糖溶化，需不時加以攪拌。熄火，冷卻後加入櫻桃酒拌勻。

2 調理盆中放入製作海綿蛋糕的雞蛋、細粒砂糖，用打蛋器加以攪拌打發。須採取熱水隔水加熱並且不停攪拌，溫熱到比肌膚溫度熱即停止溫熱，打發至濃稠變白（也可使用手持電動打蛋器高速攪拌）。

3 用打蛋器畫圓攪拌30～40次（使用手持電動打蛋器時以低速攪拌約2分鐘），氣泡變得細密，麵糊出現光澤即可。

4 奶油、牛奶放入耐熱容器中，以微波爐加熱約40秒使融化。

5 在作法3裡均勻篩入低筋麵粉，用橡皮刮刀攪拌混合至沒有粉狀。

6 舀取一些作法5的麵糊放入作法4的材料中混合，再放回作法5的麵糊中，用橡皮刮刀攪拌均勻至均勻細緻。

7 作法6麵糊倒入圓形模中，舉高模型至約10cm高度再摔下，敲打桌面以去除麵糊中多餘的空氣。放入烤箱，用160℃烘烤約23分鐘。烤出來的蛋糕會稍微脫離開模型，表面輕觸起來有彈性，即烘烤完成。

8 舉高模型至約10cm高度再摔下，取出烤好的海綿蛋糕，放在托盤上冷卻。撕掉烘焙紙，橫切成3片。

9 調理盆中放入做發泡鮮奶油部份的鮮奶油、細粒砂糖，隔冰水打至7分發。

10 在蛋糕的第1層整體用刷子塗上作法1中的糖漿、抹上發泡鮮奶油，緊密舖上切成5mm厚度的草莓。再抹上發泡鮮奶油，放上第2層海綿蛋糕。在第2層也同樣塗上糖漿和鮮奶油，舖上糖煮草莓。在這上頭再抹上發泡鮮奶油，最後放上第3片海綿蛋糕。用刷子將糖漿塗在整個蛋糕上，以發泡鮮奶油覆蓋整個蛋糕表層，並且用草莓裝飾。

11 將草莓糖漿放入鍋內，用較弱的中火煮到能用刷子沾取好塗的程度。塗在裝飾蛋糕的草莓上（建議食用前再塗抹）。

打發至提起打蛋器，落下去時會堆積在表面上，然後緩緩消成平面的柔軟度為基準。

拿牙籤做標示，就能水平切得很漂亮。

※所謂鮮奶油的7分發，是以舉起打蛋器，尾端的鮮奶油會有角度，並且稍微垂下的狀態。

※草莓的裝飾方式，是將去蒂的整顆草莓數顆擺在蛋糕上，將切成1/2或1/4的草莓擺在整顆之間，就會均衡漂亮了。

利用糖煮水果和糖漿，讓大受歡迎的蛋糕更加奢侈。

口感、甜度、香氣都完美，蛋糕中各種不同型態的草莓，展現出深奧的風味。

Apricot Tarte
杏桃塔

※材料（直徑16cm·塔模1個）

【塔皮】

無鹽奶油	90g
糖粉	60g
蛋液	1/2個
杏仁粉	15g
低筋麵粉	150g

※多餘的塔皮可以用壓模做成餅乾。將桿到2～3mm厚度的塔皮用喜歡的模型壓出形狀，放入160℃烤箱烘烤15～20分鐘就完成了。

【杏仁奶油】

無鹽奶油	60g
糖粉	60g
蛋液	1個
杏仁粉	60g
香草豆莢	1/6條

杏桃果醬(p40)、
　糖煮杏桃(p41)…各適量

高筋麵粉(做手粉使用)…適量

※賞味期限、適合食用時間

冰箱裡冷藏3天、冷凍3週（用保鮮膜包好，放入保存袋裡）。
比起剛做好的或冰過的，常溫的比較好吃。

※準備

· 所有的材料都要恢復常溫。
· 低筋麵粉必須過篩。
· 將烤箱預熱至160℃。
· 香草豆莢縱切剖開，用刀子刮取出香草籽。

※作法

1　製作杏仁奶油。用橡皮刮刀攪拌奶油到軟滑，加入糖粉、香草籽拌勻。分6次加入蛋液，每加入一次蛋液即以橡皮刮刀輕拌勻，避免空氣混入。加入杏仁粉攪拌成一團，用保鮮膜包好放入冰箱內，冷藏靜置3小時以上（如果時間足夠可放半天以上）。

2　製作塔皮。用橡皮刮刀攪拌奶油到軟滑，放入糖粉拌勻。少量分次加入蛋液，每次加入都要拌勻。蛋液加入一半份量後，加入杏仁粉攪拌，再加入剩下的蛋液攪拌，攪拌至成團的程度。

麵糰只要攪拌到混合成團的程度就可以了。

3　加入低筋麵粉，攪拌均勻至大約9成之後（粉粉的狀態就可以了，要注意不要過度攪拌），用保鮮膜緊密包好，冷藏3小時以上（如果時間足夠可放半天以上）。

4　在桌面上撒上高筋麵粉，用手將作法2的麵糰揉成圓球狀，以桿麵棍桿成3mm厚度麵皮。將麵皮鋪入塔模中，用手將麵皮按壓使其貼緊塔模各處（過程中麵皮變軟不好進行時，可以再放回冰箱裡冷藏30分鐘左右）。

為了不將麵皮弄破，用桿麵棍捲起慢慢的放在塔模上是比較好的方式。

5　割去塔模外多餘的麵皮，用叉子在底部整體戳洞，放置在冷藏靜置1小時以上（為防乾燥需輕輕覆蓋保鮮膜）。

6　舖上鋁箔紙，在麵皮上壓上重物，放入160℃的烤箱烘烤30～35分鐘，烤至全體呈現淡淡的顏色（之後要填入杏仁奶油烘烤，因此只需烤出淡淡的色澤即可。邊緣烤出淡淡的顏色，即去除重物和鋁箔紙）。

7　取出作法6塔皮，放置冷卻。將作法1的杏仁奶油用橡皮刮刀攪拌過後填入塔皮中，擺上糖煮杏桃，用170℃烘烤45分鐘左右（如果烘烤顏色過深，在中途降低10℃）。

8　在鍋裡放入杏桃果醬和水（少量），煮至用刷子易於沾取好塗的稠度（如果煮過久，再添少量的水煮到沸騰）。塗刷在杏桃塔表面，增添光澤和風味。

製作糖煮杏桃之餘，絕對建議你製作的美味甜點。
微微的酸味和濃郁甘甜的杏桃，
以及杏仁奶油是絕配。

Peach Roll Cake

水蜜桃蛋糕卷

※ 材料（長20cm1條份）

【海綿蛋糕】（28cm×24cm・方形烤盤1片）

雞蛋 ⋯⋯⋯⋯ 2個
細粒砂糖 ⋯⋯⋯⋯ 60g
蜂蜜 ⋯⋯⋯⋯ 10g
低筋麵粉 ⋯⋯⋯⋯ 60g
牛奶 ⋯⋯⋯⋯ 15mℓ(1大匙)
無鹽奶油 ⋯⋯⋯⋯ 10g

【優格奶油】

原味優格 ⋯⋯⋯⋯ 40g
鮮奶油 ⋯⋯⋯⋯ 120mℓ
細粒砂糖 ⋯⋯⋯⋯ 15g

糖煮水蜜桃(p43) ⋯⋯⋯⋯ 適量

※ 賞味期限、適合食用時間

剛做完當天～隔天（放一段時間食用
味道會融在一起，比剛做完時風味更佳。
保存時要注意乾燥。）

※ 準備

· 除了原味優格、鮮奶油，其他的
  材料要恢復到常溫。
· 低筋麵粉要過篩。
· 糖煮水蜜桃用濾網濾掉汁液。
· 在方形烤盤上舖上3張烤箱用烘
  焙紙。取2張僅舖在底部，最上
  方的第3張則需緊沿著烤盤的4
  個側邊高，舖上剪開四個角的烘
  焙紙（如此一來蛋糕卷表面才不會焦
  掉）。
· 將烤箱預熱至180℃。

※ 作法

1 製作海綿蛋糕。在調理盆中放入雞蛋、細
  粒砂糖、蜂蜜，用打蛋器攪拌打發。須採
  取熱水隔水加熱並且不停攪拌，溫熱到比
  肌膚溫度熱即移開熱水，打發至濃稠變
  白色乳霜狀（也可使用手持電動打蛋器高速攪
  拌）。

打發至提起打蛋
器，會緩緩的滴
落並堆積在表面
上，然後慢慢消
成平面的狀態。

2 用打蛋器畫圓攪拌30～40次（使用手持電
  動打蛋器時以低速攪拌約2分鐘），氣泡變得細
  密，麵糊出現光澤即可。

3 奶油、牛奶放入耐熱容器中，以微波爐加
  熱約30秒使融化。

4 在作法2裡均勻篩入低筋麵粉，用橡皮刮刀
  攪拌混合至沒有粉狀。

5 舀取一些作法4的麵糊放入作法3的材料中
  混合，再放回作法4的麵糊中，用橡皮刮刀
  攪拌均勻至均勻細緻。

6 將作法5麵糊倒入方形烤盤中，從中央往
  邊緣將麵糊抹開至厚度均勻，抹平表面。
  舉高烤盤至約10cm高度再摔下，敲打桌面
  以去除麵糊中多餘的空氣。放入烤箱，用
  180℃烘烤約12分鐘。

麵糊時要從方形
烤盤的中心先倒
入，最後的倒在
邊緣角落處。

7 從方形烤盤取出蛋糕，蓋上布巾防止乾
  燥，放置冷卻。

8 製作優格奶油。鮮奶油中加入砂糖，用打
  蛋器打發至8分發。將優格用打蛋器攪拌至
  軟滑，再加入其中混勻（加入優格會稍微變
  軟。如果太軟，再度加以打發）。

※所謂的鮮奶油
的8分發，是指
舉起打蛋器，鮮
奶油尾端會有尖
角的狀態。

9 撕下作法7蛋糕上的烘焙紙，桌面舖上新的
  烘焙紙，放上蛋糕片，塗上優格奶油。將
  糖煮水蜜桃從靠自己的方向距1cm的位置，
  和稍微外側的兩處排成一列，以靠近自己
  的這一端的糖煮水蜜桃為軸心捲起來。

抓住烘焙紙，筆
直的使力慢慢往
前拉，將蛋糕往
前滾動捲起。

10 將捲起的最後接口朝下，蛋糕卷兩端用烘
   焙紙包起防止乾燥，放入冰箱冷藏放置30
   分鐘以上。

簡單的蛋糕卷內，捲了滿滿的糖煮水蜜桃。
切出的切面可以看到淡淡的粉紅色水蜜桃，可愛極了！

檸檬爽口的風味在嘴裡四溢，成人口味的重奶油蛋糕。
為了充分享受蛋糕的香氣，請在常溫狀態下食用。

Lemon Pound Cake
檸檬磅蛋糕

※材料
(8cm×18cm×高6cm，磅蛋糕模1個)

無鹽奶油 …… 100g
蛋液 …… 2個份
細粒砂糖 …… 80g
蜂蜜 …… 20g
杏仁粉 …… 40g
低筋麵粉 …… 100g
泡打粉 …… 3g

糖煮檸檬果皮
(p23) …… 60g

高筋麵粉 …… 少許

※賞味期限、適合食用時間
冰箱裡冷藏1週、冷凍3週(用保鮮膜包好，放入保存袋裡)。解凍時需放入冷藏庫退冰。

比起剛做好的，放置隔天以後味道融在一起，風味較佳。

※準備
・所有的材料都恢復到常溫。
・低筋麵粉和泡打粉混合過篩。
・糖煮檸檬果皮濾掉汁液，切成5mm大小細丁。
・在蛋糕模型裡用刷子均勻塗上無鹽奶油(預備材料之外)，放入冰箱冷藏庫裡。
・將烤箱預熱至170℃。

※作法

1 將奶油用橡皮刮刀攪拌至軟滑。

2 加入細粒砂糖、蜂蜜，用打蛋器打發到柔軟變白。

3 分次少量加入蛋液，每次加入都要攪拌均勻。蛋液倒入約一半左右，即加入杏仁粉加以攪拌。分次少量添加剩下的蛋液，打發到全體呈現鬆軟的狀態。

4 將粉類(低筋麵粉、泡打粉)取1/3加入作法3中，用橡皮刮刀攪拌，添加糖煮檸檬果皮輕輕攪拌2次。將粉類共分3次加入，每次加入都要攪拌均勻。

5 將模型從冰箱取出，撒入高筋麵粉，抖落多餘的麵粉後，倒入作法4的麵糊，用橡皮刮刀抹平表面。

6 放入170℃的烤箱中，烘烤大約45分鐘(在烘烤15～20分鐘左右，觀察若顏色烤到過焦，就將溫度降低10℃)。插入竹籤，如果材料不沾黏竹籤，即烘烤完成。立刻從模型取出蛋糕，放在涼架上冷卻。

※添上檸檬果醬(p20)，以及打發鬆軟的鮮奶油，吃起來就更加美味。

可以用橡皮刮刀從盆底翻壓奶油方式來攪拌。

粉類分次攪拌，可防止攪拌過度麵粉出筋，麵糊拌好才會呈現柔軟狀態。

將中央部分做出凹陷，麵糊緊貼上模型的四個角，烘烤完成後會出現漂亮的角度。

Chocolate Raspberry Sand Cookies
巧克力覆盆莓夾心餅乾

❊ 材料（直徑3cm20個）

無鹽奶油	60g
糖粉	40g
牛奶	20㎖（4小匙）
杏仁粉	20g
低筋麵粉	70g
覆盆莓巧克力醬	
(p69)	60g

❊ 賞味期限、適合食用時間

僅只有餅乾的話3週內（在密閉容器中和乾燥劑一起放入）。如果是夾心餅乾，冷藏1週內（放入密閉容器裡）。剛做好的可以享受鬆脆的口感，第2天以後則可以享受鬆軟的口感。

❊ 準備

- 所有的材料都恢復到常溫。
- 將低筋麵粉過篩。
- 在烤盤上舖上烘焙紙。
- 將烤箱預熱至160℃。

❊ 作法

1 用橡皮刮刀攪拌奶油，拌至成為柔軟的Cream狀（天冷時稍微用熱水隔碗加熱，就能較快完成）。

2 依照糖粉、杏仁粉、牛奶的順序加入，每次加入都要攪拌，使成柔軟的Cream狀。

3 加入低筋麵粉拌勻。

4 擠花袋中裝入星狀擠花嘴（直徑8mm），裝入餅乾麵糊，在烤盤上以隔2cm以上的間隔，平均擠出直徑2.5～3cm大小的麵糊。

5 放入160℃的烤箱，烘烤大約15分鐘，直至餅乾中心烤熟，再取出冷卻。

6 在一半的餅乾上等量放上覆盆莓巧克力醬，再將剩下的餅乾蓋上，稍微加壓成夾心餅乾。

用橡皮刮刀攪拌混合，直到奶油變成Cream狀。

※使用前端直徑8mm、有8處切口的星狀擠花嘴。注意，比這規格小的會較不好操作擠出動作。

為了避免麵糊烤後膨脹相黏，也可以互相間隔到3cm。

烘烤出可愛的餅乾，夾上了酸甜的覆盆莓巧克力醬。
只要夠濃郁，做什麼口味的夾心都適合，不妨找出自己喜好的夾餡果醬。

Pumpkin Quiche

南瓜法式鹹派

※材料（直徑16cm・派盤1個份）

【派皮】（好做的份量）

低筋麵粉 ……… 130g
無鹽奶油 ……… 60g
蛋黃 ……… 1個
鹽 ……… 2撮
細粒砂糖 ……… 1/2小匙
冷水 ……… 30ml（2大匙）

高筋麵粉（做為手粉使用）… 少許
蛋液 ……… 適量

※多餘的麵糰可以做成派式餅乾。將麵糰
桿成2mm的厚度，切成喜好的大小，撒上
起司粉和芝麻、七味唐辛子，放入烤箱用
170℃烘烤15～20分鐘。

【蛋糕】（好做的份量）

雞蛋 ……… 1個
細粒砂糖 ……… 20g
牛奶 ……… 50ml
鮮奶油 ……… 100ml

※多餘的蛋糕建議可以和喜好的材料一起
放入模子裡烤，或沾在麵包上烘烤。

【餡料】

南瓜醬（p58）… 100g
奶油乳酪 ……… 30g
葡萄乾 ……… 10g
核桃 ……… 10g
南瓜籽 ……… 適量

※賞味期限、適合食用時間

冰箱裡冷藏2～3天，冷凍3週（用保
鮮膜包好放入保存袋裡）。要食用時以
烤箱重新溫熱。烤好需降溫到可以
入口時的溫度最好吃。

※準備

・作派皮的麵糰，除鮮奶油以外的
　材料恢復到常溫。
・將低筋麵粉過篩。
・將烤箱預熱至170℃。

※作法

1　製作派皮。將過篩的低筋麵粉，切成5mm大
　小細丁的奶油、鹽、細粒砂糖放入調理盆
　內，放入冰箱裡冷藏至奶油變硬。

2　用手一邊擠壓奶油，撒上麵粉，用手掌搓
　揉（要注意不使奶油融化）。搓揉至奶油成紅
　豆一般大小，呈現鬆散的粉粒狀即可。

3　在中央做出凹陷，放入蛋黃、冷水，用手
　擠壓蛋黃，從中心部分弄散麵粉並加以攪
　拌。

4　整個麵糰融入水分之後，揉成一團。將麵
　糰切半相疊，反覆此作法直至麵糰中的水
　分份量均勻分散在麵糰裡（注意不要讓奶油融
　化）。用保鮮膜緊密包好，冷藏2小時以上。

5　在桌面上撒上高筋麵粉，放上作法4的麵
　糰。以桿麵棍桿成2～3mm的厚度，舖入派
　盤中，使生派皮緊密完整的舖在派盤上（在
　製作過程中麵糰變得較軟不好作業時，建議放回冰
　箱裡冰30分鐘以上）。

6　割去派盤外多餘的麵皮，用叉子在整體戳
　洞。再一次將派皮緊密按壓在派盤上。放
　入冰箱冷藏靜置1小時以上（為防乾燥需輕輕
　覆蓋保鮮膜）。

7　舖上鋁箔紙，在生派皮上壓上重物，放入
　170℃的烤箱烘烤25～30分鐘，烤至全體
　呈現淡淡的焦黃色（之後要填入蛋糕和夾心餡
　料烘烤，因此只需烤出淡淡的焦黃色即可。當邊
　緣烤出焦黃色，即去除壓住的重物和鋁箔紙）。取
　出，用刷子均勻刷上蛋液，放入烤箱裡2分
　鐘左右使乾燥，備用。

8　製作蛋糕。雞蛋用打蛋器打散，加入細粒
　砂糖加以攪拌。加入牛奶、鮮奶油拌勻，
　過篩。

9　作法7的派皮冷卻後，將餡料材料均勻舖
　入，再倒入作法8的蛋糕，放入170℃的烤
　箱中烘烤約30～35分鐘即可。

用手掌搓揉，會
呈現乾乾的顆粒
狀。

將切割的麵糰重
疊，再從上方加
壓，反覆做就能
做出層次。

派的中央處不舖
放硬的餡料，而
是分散舖放在
周圍，切起來就
會漂亮。

餡料滿滿！豐富滿點的美食～法式鹹派。

內有微甜的南瓜，風味、口感、香氣在在都是滿分。

迷你尺寸，美觀漂亮。酥脆的派皮、
爽口的檸檬奶油×酸甜的糖煮水果，堪稱絕配。

Grapefruit Pie
葡萄柚派

※ 材料（直徑7.5cm・派盤4個）

【派皮】（好做的份量）

低筋麵粉	130g
無鹽奶油	60g
蛋黃	1個
鹽	2撮
細粒砂糖	1/2小匙
冷水	30㎖（2大匙）

高筋麵粉（做手粉使用）… 少許
蛋液 … 適量
※多餘的麵糰活用法請見p88的"※"。

【檸檬奶油】

檸檬凝乳(p22)	80g
鮮奶油	40㎖

【葡萄柚果凍】（方便製作的份量）

糖煮葡萄柚的糖漿

	(p25)	100㎖
a	果膠	5g
	細粒砂糖	30g

【裝飾】

糖煮葡萄柚果粒

(p25)	適量
薄荷葉(如果有)	適量

※ 賞味期限、適合食用時間

做好當天（建議冰凍食用）。

※ 準備

- 檸檬凝乳中，除鮮奶油以外的材料恢復到常溫。
- 將低筋麵粉過篩。
- 將烤箱預熱至170℃。

※ 作法

1. 和p88（南瓜法式鹹派）作法1～4相同。

2. 在桌面上撒上高筋麵粉，放上做好的麵糰。以桿麵棍桿成2～3mm的厚度，用刀子切出4個份，大小比派盤大一圈。舖入派盤中，使生派皮緊密完整的舖在派盤上（在製作過程中麵糰變得較軟不好作業時，建議放回冰箱裡冰30分鐘以上）。

3. 割去派盤外多餘的麵皮，用叉子在上面戳洞。再一次將派皮緊密按壓在派盤上。放入冰箱冷藏靜置1小時以上（為防乾燥需輕輕覆蓋保鮮膜）。

4. 舖上鋁箔紙，在生派皮上壓上重物，放入170℃的烤箱烘烤大約30分鐘，烤至全體呈現焦黃色(當邊緣烤出焦黃色，即去除壓住的重物和鋁箔紙)。取出，用刷子均勻刷上蛋液，放入烤箱裡2分鐘左右使乾燥，備用。

5. 製作檸檬奶油。鮮奶油打至8～9分發，加入攪過的檸檬凝乳混合。

6. 作法4的派皮冷卻之後，將作法5的檸檬奶油等分舖上，再擺上瀝去汁液的糖煮葡萄柚。

7. 製作葡萄柚的果凍。將糖漿放入鍋內，用中火煮直至即將沸騰即熄火。將a用打蛋器攪拌均勻後加入，迅速在鍋裡加以攪拌。煮至濃稠，即用橡皮刮刀一邊加以攪拌，邊用較弱的中火繼續煮。

8. 將作法7的果凍液用刷子刷在作法6的葡萄柚派上（果凍液若變硬即以弱火煮使其溶化），以薄荷葉做裝飾。

將葡萄柚併攏在一起，做出高高的弧度，看起來就漂亮。

在糖漿中加入細粒砂糖、果膠，邊加熱邊用橡皮刮刀加以攪拌。

Pineapple Lime Cheese Cake
鳳梨萊姆起司蛋糕

※材料
（直徑15cm×高4.5cm・圓形蛋糕模
1個）

【Cream】
奶油乳酪 ………… 200g
酸奶油 …………… 50g
細粒砂糖 ………… 50g
萊姆果汁 ………… 2大匙
萊姆果皮 ………… 1/2個
果凍粉 …………… 3g
鮮奶油 …………… 100㎖
糖煮鳳梨(p35)… 100g

切成5mm厚的海綿蛋糕
（參照p78，也可用市售品）… 適量

【裝飾】
糖煮鳳梨(p35)、
萊姆 ……………… 各適量

※賞味期限、適合食用時間
剛做完當天～隔天（儘早食用。要注
意避免乾燥）。

※準備
・鮮奶油以外的材料恢復到常溫。
・將冷水1大匙加入果凍粉裡，覆
蓋上保鮮膜，放在冰箱裡冷藏15
分鐘以上。
・糖煮鳳梨切成1cm小丁，用濾網
濾掉汁液。
・萊姆皮磨成泥，和萊姆果汁混
合。

※作法

1 在方形托盤上舖上保鮮膜，放置底部可分
離的圓形蛋糕模（如果沒有，使用底部空的不
鏽鋼圓形模也可以），在底部舖上海棉蛋糕。

2 將奶油乳酪、酸奶油混合，用橡皮刮刀攪
拌至沒有顆粒、軟滑。加入細粒砂糖攪
拌，並且添加萊姆的果汁和萊姆皮，攪拌
至嫩滑。

3 將鮮奶油隔冰水打發，打至6分發。

4 將泡水的果凍粉採取隔熱水加熱的方式攪
拌溶化。取部份作法2的檸檬奶油乳酪加
入，拌勻後再放回整個檸檬奶油乳酪中。
將作法3中的鮮奶油分2～3次加入，用橡
皮刮刀拌勻。

5 在作法1的模型中倒入作法4的一半材料，
在上頭均勻舖撒上糖煮鳳梨（100g）。將剩
下的作法4材料倒入整平，放入冰箱裡冷藏
3小時以上至硬。

6 取出作法5，除去保鮮膜，放置在底部平坦
的罐子等上頭，用溫過的布巾貼在模型的
周邊，從模型中取出蛋糕。

7 在蛋糕上裝飾糖煮鳳梨、萊姆薄切片即完
成。

烘烤成四方形的
海綿蛋糕，用圓
形模壓出圓形海
綿蛋糕片。

所謂的6分發是
指濃稠的狀態，
舀起來也會立刻
滴落。

在撒上糖煮鳳梨
後，可以輕輕壓
使其略埋入麵糊
中。

新鮮的香甜糖煮水果，和萊姆的酸味是絕配。
和嫩滑的奶油乳酪搭配成新鮮的風味。

後 記

您覺得這本書中的食譜如何呢？

這些食譜對我來說很重要，我想繼續研發這些食譜。

老實說，以前的我雖然喜歡做，但是卻不怎麼善於吃。
要說為什麼，那就是因為我一開始做不出自己感到滿足的作品。
不是過甜，就是煮太久變硬，我做出了許多和理想相去甚遠的作品。
結果就是吃不完的成品占了多數，
那些失敗作就只好當做是點心或點心的材料使用了。
然而經過這些失敗後我開始在想，我要做出滿意的作品，就像是一瓶會立刻被吃完那種。

就在某一天，我收到手工作的西洋梨果醬。
吃起來彷彿在吃西洋梨水果一般，我感到滿足極了！
我立刻洽詢了果醬的作法。
和我的作法不同之處原來在於，
將材料和砂糖混合放置之前，用火燉煮這一點。
在此之前我並不重視「用火燉煮」這一作法，
我在半信半疑之下做了新的嘗試…。
的確，這樣做砂糖會入味，水果呈現半透明的狀態。
嚐試做了好幾次，漸漸地我抓到了訣竅，
終於做出自己理想中滿意的作品時，我真的很高興。
在這同時，我感受到「這過程真是漫長。不過，沒想到是如此簡單。」
彷彿是知道了魔術的秘訣一般。

從此之後，使用在點心之中時，從「因為多餘所以使用」，轉變為「因為好吃所以使用」。
我認為好吃的材料，可以讓點心變化成更加美味可口。

現在的我，快樂地想像著成品的味道和樣子進行製作。
這些做出來的果醬和糖煮水果應該如何裝瓶、
應該和什麼樣的湯匙和食器搭配、該用在怎樣的點心上、
如何包裝成禮物…，這些苦思反而成了我的樂趣。

希望閱讀本書的讀者，
也能在果醬、糖煮水果、糖漿、水果奶醬之中，享受快樂的時光。
這是我衷心的期盼。

下迫 綾美

Profile

下迫綾美 (Shimosako Ayami)
フードコーディネーター菓子專門校，製菓衛生士。
服務於洋菓子店之後，獨立出來創業。活躍於雜誌以及書籍之間，並且在自家開設少人數制的點心教室。活用素材的種種食譜，看上去華麗有趣，很受女性歡迎。並且提出包裝等整體享受其中樂趣的方案；著有多本書籍。
http：//www.thinglike.com/

staff

作者 ■ 下迫綾美
編輯 ■ 凌瑋琪
譯者 ■ 黃真芳
潤稿 ■ 彭怡華
校對 ■ 艾瑀、凌瑋琪
排版完稿 ■ 華漢電腦排版有限公司

生活菓品烘焙器材行　電話：(02)25590839
地址：大同區太原路89號

悅滋味 13

果醬,糖煮水果,抹醬 MAGIC
ジャムコンポートシロップMAGIC

總編輯　　林少屏
出版發行　邦聯文化事業有限公司　睿其書房
地址　　　台北市中正區三元街172巷1弄1號
電話　　　02-23097610
傳真　　　02-23326531
電郵　　　united.culture@msa.hinet.net
網站　　　www.ucbook.com.tw
郵政劃撥　19054289邦聯文化事業有限公司
製版　　　彩峰造藝印像股份有限公司
印刷　　　皇甫彩藝印刷股份有限公司
發行日　　2012年03月初版

JAM, COMPOTE, SYRUP MAGIC by Ayami Shimosako
Copyright © Ayami Shimosako 2011
All rights reserved.
Original Japanese edition published by Nitto Shoin Honsha Co., Ltd.

This Traditional Chinese language edition is published by arrangement with
Nitto Shoin Honsha Co., Ltd., Tokyo in care of Tuttle-Mori Agency, Inc., Tokyo
through Future View Technology Ltd., Taipei.

國家圖書館出版品預行編目資料

果醬,糖煮水果,抹醬 MAGIC / 下迫綾美著；黃真芳譯.
－初版. －臺北市：睿其書房出版：邦聯文化發行，
2012.03
96 面；18.5*26 公分 .－(悅滋味；13)
譯自：ジャムコンポートシロップ MAGIC
ISBN：978-986-88014-4-8(平裝)

1. 果醬 2. 食譜

427.61　　　　　　　　101003053